灿烂与辉煌

解码中国古代科技基因

王渝生　著

中国大百科全书出版社

图书在版编目（CIP）数据

灿烂与辉煌：解码中国古代科技基因 / 王渝生著 .
北京：中国大百科全书出版社，2025. 4. -- ISBN
978-7-5202-1853-5

Ⅰ . N092

中国国家版本馆 CIP 数据核字第 2025UG1605 号

灿烂与辉煌：解码中国古代科技基因

出 版 人：刘祚臣
责任编辑：黄佳辉
责任校对：张恒丽
责任印制：李宝丰
封面设计：闫朝阳
出版发行：中国大百科全书出版社
地　　址：北京市西城区阜成门北大街 17 号
网　　址：http://www.ecph.com.cn
电　　话：010-88390718
图文制作：北京升创文化传播有限公司
印　　刷：河北鑫玉鸿程印刷有限公司
字　　数：170 千字
印　　张：19.5
开　　本：710 毫米 ×1000 毫米 1/16
版　　次：2025 年 4 月第 1 版
印　　次：2025 年 4 月第 1 次印刷
书　　号：978-7-5202-1853-5
定　　价：98.00 元

CONTENTS 目录

第二章　中国古代科学探索与实践

79

✓

第三章　中国古代技术发明与创造

181

序

文明之光

—— 中国古代科技的历史地位与当代价值

中国古代科技史是中华民族在生存环境中认识和利用自然，以及协调文明与自然发展的知识积累过程，是中华文明史的重要组成部分。在人类文明的广泛交流和融合过程中，中国古代科技的传播作为发展中华文明及世界文明的基础之一，而成为世界科学技术史上浓墨重彩的一笔。

中国具有 5000 年文明史，中华民族在农、医、天、算四大领域有杰出的成就。中国是以农为本的农业大国。农业文明是世界文明产生的第一个阶段，农学也是世界科学发展的第一个阶段。中国是世界四大文明古国之一，世界文明的诞生之地都在大江大河流域，因为发展农业需要土壤、阳光和水分。可以说，阳光普照大地，适宜的土壤遍布世界各地，而只有古埃及的尼罗河流域，古巴比伦的两河流域，古代印度的恒河、印度河流域，以及中国的黄河、长江、珠江、黑龙江、塔里木河流域遇到了水的缘分及滋养。所以，在这4个地区出现了最早的人类文明、科技文明——农业文明。

中国的农业有世界上最早的农业科技，取得了极大的成就，乃至今天农村所用的农具、农业机械，追根溯源，在2000多年前的秦汉时期就已经有所奠基。考古工作者在浙江余姚的河姆渡遗址发现了中国7000年前的稻场和碳化稻谷的遗存，在江西万年仙人洞和吊桶环遗址距今10000多年前的地层中，发现了野生稻和栽培稻植硅体，这一发现，实证了中华远古先民是最早种稻的人。河姆渡文化已经被全世界承认的除了稻谷以外，还有村落的遗存，以及具有榫卯结构的建筑遗存，这说明当时已有人口的聚集。

国以民为天、民以食为本，中国的农业养

2023 年，河姆渡文化核心区新发现一处史前时期古稻田遗址，初步判断为河姆渡文化晚期阶段，年代距今 5500 至 5300 年，进一步刷新了学术界对史前稻田和稻作农业发展的认识

中国农业科学院 AI 农场

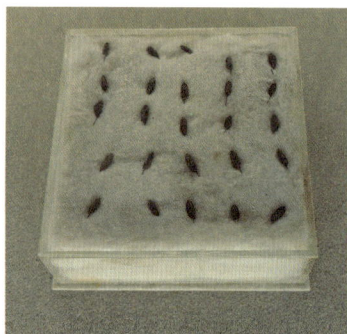

河姆渡遗址出土炭化稻谷，为人工栽培稻

10

育了迄今为止世界上最多的人口。500 年前，西方开始了文艺复兴，有了科学革命，有了技术革命，有了工业革命，有了资产阶级革命。工业革命之后，出现了大量的农业机械。特别是到 18 世纪，蒸汽机的发明催生了西方的机械化大生产，这是由蒸汽机推动的历史。目前，随着中国农业科技的不断发展，粮食和副食品科技也走在了世界前列。

人除了要吃饱，更要追求健康。中华文明5000 年一脉相承，不得不提到的是中国医药学这个伟大的宝库。在秦汉时期形成了以《黄帝内经》为基础的中医理论，以《神农本草经》为基础的药学体系，有基本的诊病方法望、闻、问、切，还发展出了人体结构理论，等等。2015 年，屠呦呦因"有关疟疾新疗法的发现"获得诺贝尔生理学或医学奖，她从大量的中医知识宝库（包括古代文学、民间传说和中医从

"华佗"印（马国馨院士刻）

业者的口头采访)中初步选择了 2000 多种草药，其中 640 种被认为是可能有效的中草药，编写了 640 种药物的抗疟方药集。经对数百种提取物的实验筛选，将重点集中在中药青蒿。在《肘后备急方》中"青蒿一握，以水二升渍，绞取汁，尽服之"的启迪下，屠呦呦注意到，青蒿的使用方法是使用浸泡青蒿的水，即青蒿的"汁液"。值得注意的是，书中并没有提到中医处方中很常见的药物加热过程。屠呦呦从文献

青蒿草种植大县广西融安县

青蒿素提炼车间

资料和自己对中医的了解中提出了低温条件提取有效成分的想法。通过分离酸性和中性相进一步纯化提取液，以保留活性成分，同时降低原提取液的毒性。在1971年10月前后进行的实验中，该物质对鼠类疟疾显示出了100%的惊人疗效。这一显著结果在同年12月底的猴疟疾实验中得到了重现，从而毫无疑问地确认了青蒿提取物的有效性。所以，有时候就是偶然的一个发现，但是蕴藏着必然，必然通过偶然来发现。

中国古代天文学非常发达，观天象，中国人很早就用窥管来观测天象，后来又发明了天文仪器、制定了历法。世界上有三种历法，阳历、阴历、阴阳历。阳历考虑地球运转的回归年周期1年365.24日。阴历是以朔望月为依据编排日期的历法，月球绕地球运行一周约为29.53日，以此为基础安排每个历月为30日或29日，每12个朔望月为一历年，共354日。每19年7闰，加1月，闰年384日。阴阳历既考虑回归年长度，又考虑朔望月的长度，依据太阳和月球位置的精确预报，以及合理约定的历法规则编排日期，科学地指导了中国古代的农业生产。

数学是中国古代最为发达的基础科学学科之一。数学在中国古代叫作算术，甲骨文就已有数码。中国古代数学家祖冲之（429—500年）用刘徽"割圆术"首次将圆周率精算到小数点后第七位，即在3.1415926和3.1415927之间，他提出的"祖率"对数学的研究有重大贡献。直到16世纪，阿拉伯数学家阿尔·卡西才打破了这一纪录，祖冲之领先了世界1000年。现代有华罗庚、苏步青等数学家，华罗庚在解析数论、矩阵几何学、典型群、自守函数论、多复变函数论、偏微分方程、高维数值积分等数学领域中都做出卓越贡献。

中国古代四大发明——指南针、印刷术、造纸术、火药，发明得很早，到了宋代就已非常成熟，明清时传向了西方，为人类文明发展做出了重要贡献。马克思认为，火药把骑士阶层炸得粉碎，指南针使得世界航海和资本主义建立海外殖民地成为可能，造纸、印刷术成为传播思想、文化的工具，成为科学复兴的手段，成为对精神发展创造必要前提的最强大杠杆。

在工程方面，中国人修凿了大运河，在古

空中俯瞰塘栖广济桥和大运河（无人机照片）

代叫作南北大运河，大运河沟通南北，是目前世界上最长的人工河，也是世界上开凿时间最早的人工河，对中国古代的全国统一和经济、文化交流发挥了重大的历史作用。还有 2024 年 7 月刚刚列入联合国教科文组织《世界遗产名录》的北京中轴线，杰出的成就不仅体现在坐落其上的恢宏建筑当中，更体现在伟大的城市规划思想上。如此等等，不一而足。

由此可以看出，科技的发展是为人们的生活而服务的，中国古代科技成就对于现代生活的服务与指导也远超出了很多人对于它的评价。科学求真，实事实证，实事求是，是为"格物致知"；科学向善，如中医讲的"悬壶济世""医者仁心""大医精诚"，选择向善是亘古不变的；科学尚美，李政道说，科学与艺术是一枚硬币的两面，中国古代青铜器、漆器、玉器及建筑等方面的成就都是高超技术与完美艺术的结合体。中国古代科技从以人为本的视角出发，生发出的诸多促进了文明发展的优秀科技成果，对于今天的科技发展及科技工作者来说都是值得学习与研究的。

前言

中国古代科学文化的优秀『基因』

—— 中国古代科技中具有传承价值的核心要素

有人说中国古代没有科学，没有科学精神，没有科学文化，此言偏颇。中国古代的农、医、天、算四大科学体系和以"四大发明"为代表的技术发明受到中国传统文化"天人合一""格物致知""经世致用""兼收并蓄""四海一家"的影响，具有强烈的哲理性、实践性、交融性、开放性。

哲理性

中国传统科学技术和科学文化的哲理性，以"天人合一""格物致知"为纲领。

中国的"天"，不是西方的"神""上

帝""造物主",而是自然界的客观规律。荀子曰:"天行有常,不以尧存,不以桀亡。"孟子曰:"天之高也,星辰之远也,苟求其故,千岁之日至(冬至、夏至)可坐而致也。"自然界的天地和日月星辰的运转规律,都是可以探讨和认识的客观存在。老子曰:"人法地,地法天,天法道,道法自然。"自然而然,得大智慧;自由自在,得大自在。

曾子《大学》有八目,即格物、致知、诚意、正心、修身、齐家、治国、平天下。知识来源于实践,而又指导实践,"格物致知"为知之始,"诚意正心"为行之始,是为本;知行观外推于家国和社会,"修身齐家""治国平天下"是为末。

实践性

中国传统科学技术和科学文化"经世致用"的实践性,是以兼顾国家政治需要和人们日常生产生活需要为特征的。

医术以治病救人为宗旨,与儒学的仁义道德一致,称为"仁术"。儒家还认为医家治病的道理与治国理政的道理是相一致的,韩愈《杂说》、顾炎武《日知录》都以医学之事比附天下政事,范仲淹言:"不为良相,当为良医"。至于天文算学,因"历法乃国家要务,关系匪轻",被视为历代王朝改正朔、易服色、"受命于天"的标志。《汉书·律历志》记载，数学"夫推历、生律、制器、规圆、矩方、权重、衡平、准绳、嘉量，探颐索隐，钩深致远，莫不用焉"。传统数学经典著作《九章算术》以方田、粟米、衰分、少广、商功、均输、盈不足、方程、勾股分类，列举了246个数学应用问题求解，很有实用价值。而"观象授时"可以指导农业生产，所以受到统治者的重视。中国历代天象记录之丰富为世界之冠，历法也臻备精确。

交融性

中国传统科学技术和科学文化的交融性，是讲数、理、化、天、地、生的和合，是讲科技、理工、文理的交融。中国古代的物理、天文、算术等都是综合性的科学，不像西方是分科、分离的学问。

西方近现代很多科学家都推崇中国传统科学文化的交融、综合和整体性。如耗散结构论的创始人普利高津说："中国传统的学术思想着重于研究整体性和自发性，研究协调和协合，现代新科学的发展，近些年物理和数学的研究，都更符合中国的科学思想。"创建协同学的哈肯也指出："事实上，对自然的整体理解是中国哲学的一个核心部分。在我看来，这一点在西方文化中未获得足够的考虑。"

开放性

中国传统科学技术和科学文化的开放性，表现在中外科技和科学文化的交流上。中国传统科学文化在中世纪通过阿拉伯西传欧洲，对欧洲文艺复兴、科技革命产生过深刻影响。

英国著名科学史家李约瑟说，中国"在许多重要方面的科学技术发展，走在那些创造出著名希腊奇迹的传奇式人物前面，和拥有古代西方世界全部文化财富的阿拉伯人并驾齐驱，并于公元 3 世纪至 13 世纪保持在西方望尘莫及

德国数学家莱布尼茨

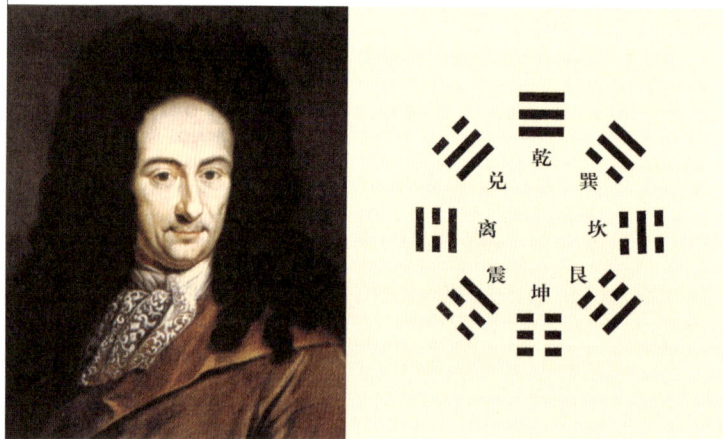

的水平上"。英国另外一位著名科学史家贝尔纳则说，"中国许多世纪以来，一直是人类文明和科学的中心之一。已经可以看出，在西方文艺复兴时期，从希腊的抽象数理科学转变为近代科学的过程中，中国科技的贡献或许起到了决定性的作用"。

德国哲学家和数学家莱布尼茨在获悉易图八卦后，惊讶地发现同他 1678 年发明的二进制理无二致，因此热情地赞美中国传统数学思想方法。进化论的创立者、英国生物学家达尔文在其 1859 年出版的《物种起源》中大量引用了他称之为"中国百科全书"中关于遗传的记载佐证他的进化论思想，据查这些是北魏贾思勰《齐民要术》、明代李时珍《本草纲目》和宋应星《天工开物》中的内容。

中国传统科技的发展有自身的特色和优势。中国传统数学，不发展演绎几何学，但充分发展程序性算法，寓证于算，不证自明，当今电子计算机算法原理与之若合符节，数学家吴文俊又据此开创了几何定理的机器证明法，从此崭新的具有中国特色而又普行于世的机械化数学在东方崛起。

中国传统科学文化的优秀基因，在历史上和当今时代都发挥了独特作用。浩如烟海的中国古代文献中有大量多类型、地域覆盖广、连续性强、综合性强的自然观察记录，这是中国古人几千年来留下的自然史信息宝库，它已

清景德镇青花八
卦海水云鹤纹碗

明八卦纹镜

经在天文学、地理学领域发挥了重要作用。中国古代的科技文献见于经、史、子、集，流传于殷墟甲骨、秦汉简牍、敦煌经卷、明清档案"四大史料"，收录于《永乐大典》《古今图书集成》《四库全书》等大型丛书。依据这些文献中丰富的气象、气候、物候资料等，中国近代气象学家竺可桢于 1961 年和 1972 年先后发表《历史时代世界气候的波动》和《中国近五百年气候变迁的初步研究》，证明了 20 世纪气候逐步变暖的事实，并预言了 21 世纪气候变化的趋势。

我们在充分研究中国古代科学思想方法和传统文化现代价值的同时，要防止对其做出牵强附会的解释，片面夸大其影响和作用，从而导致一些不科学的认识。今天，我们讨论科学文化，理应吸收从古希腊、古罗马到近现代欧美科学文化中的积极因素，但切不可割断历史，忘记中国古代科学文化的存在。

中国传统科学文化的优秀基因，具有传承性、创新性的核心价值要素，在历史上和当今时代都发挥了独特作用。在以开放的心态学习西方近代科技、学习世界一切优秀文化的今天，我们亦应努力将中国古代科技和传统文化中的优秀基因，借鉴、移植到当代前沿科技探索中，古为今用，继往开来，与时俱进，开拓创新。

第一章 ❀ 中国古代科技成就概览

一、中国古代科技的起源和特色

当今中国境内石器时代的文化遗址表明：100 多万年前的云南元谋猿人、陕西蓝田猿人已会打制并使用石质的工具；50 万年前后的北京猿人已能使用火，并会保存火种；10 万年前的丁村人已使用工艺水平较高的棱尖工具；3 万—1 万年前的山顶洞人已经学会人工取火。1 万年前，现今中国的广大领域已经进入了新石器时代，畜牧、农作遍布华北、东北南部、华中和华南；主要农作区在土质松软的黄河流域（种植粟米等作物）和长江流域（种植水稻等作物）。

公元前 40—前 30 世纪中国进入城市文明和传说时代（有巢氏、燧人氏、伏羲氏、神农氏和黄帝的时代）。公元前 25 世纪的帝尧时代，中国古人开始有组织地观察天象。

公元前 21 世纪，大禹治水。公元前 11 世纪的殷周之际，形成"阴阳"观念。公元前 8 世纪的西周末年，产生"气"的观念。公元前 6—前 3 世纪的春秋末至战国时期，原始的"五行"观念发展成五行学说，殷周以来的思想观念在百家争鸣中经历了一次理性的重建，人格神的"天命观"转向理性的"天道观"，亦即"主宰之天"开始走向自然化和人文化：这种理性重建区分了"天道"和"人道"，"仰观天文，俯察地理"的观察精神得以发扬。老子和孔子先后倡导人道要遵循天道和顺应自然的"则天说"，子思和孟子相继阐明了人类要参与并帮助自然演化的"助天说"，荀子则提出人类要依据自然规律驾驭自然的"制天说"。遂有"人性"和"物理"的分途而治，"生成论""感应论""循环论"等宇宙秩序原理亦被提出，为中国传统科学的产生和形成奠定了理性的哲学基础，技术上也取得了相当高的成就。

公元前 5000 年，人们已经开始了制陶、编织、耕作、冶炼等基本的生产活动。这些活动不仅标志着人类开始有意识地使用和改造自然，也标志着科技文明的诞生。随着时间的推移，中国古代的科技发展逐渐形成了其独有的特色。古代中国的科技发展，特别是在农业领域，人们通过不断地实践和积累，发展出了独特的农耕技术，如铁犁、水车、灌溉系统等，大大提高了农业生产效率。

古代中国的工艺技术堪称世界一流。从最早的陶器到后来的瓷器，从冶炼技术到丝绸、漆器制作，每一项都体现出了精湛的手工艺技能。古代中国的建筑技术在世界上独树一帜。其中最具代表性的就是砖木结构和石结构。故宫等建筑物的建造展示了古代中国在建筑技术方面的智慧和技艺。中医作为中国古代的医学体系，强调人体内部各器官之间的平衡和相互关系，提出了独特的理论和方法，如《黄帝内经》《伤寒杂病论》等。古代中国的天文学成就也非常显著，制定了《太初历》并制造了浑天仪、赤道式日晷等重要仪器，对观测天象和制定历法具有重要贡献。

古代中国的数学成就斐然，有"算盘""珠算"等独特的计算工具，并最早使用了十进制的计数法。古代中国对地理的考察和地图制作有着悠久的历史。最早的地理图书《山海经》就记录了大量的地理信息。明代郑和的航海图更是达到了古代航海图的巅峰。

在很多重要领域中，都能看到中国古代科技发展的影子，除了算数、测绘，还有纺织、制陶，等等。这些领域的发展不仅为中国自身的经济繁荣做出了贡献，也对世界的科技发展产生了深远影响。

传统、文理与想象力 ——《易经》《墨经》《山海经》

1979 年，李政道先生在中国科学院研究生院作学术报告时说过，我们学科学的，也要读中国古籍经典，但不是四书五经，重点要放在三经上，三经就是《易经》《墨经》《山海经》，它们富有科学内容。

《易经》里有很多原始的科学概念的萌芽，如八卦之阴阳二爻，就有数学上二进制的雏形；《墨经》里有几何、力学、光学；《山海经》里的"盘古开天地""天地混沌如鸡子""夸父追日""女娲补天"，神话幻想也有科学的本质属性。当时我还曾陪李政道夫妇到中国美术馆看"师牛堂主"李可染的画展，后来李可染为李政道画过好几张生动而又深刻的科学画。

《易经》是中国古代的一部经典著作，包含了丰富的数学和哲学思想。李政道说，《易经》中的八卦是二进制的原始形态，通过阴阳爻的组合来表示不同的状态，二进制系统后来成为计算机科学的基础之一。此外，《易经》中的八卦图也展示了早期的几何和对称性概念。

《易经》的核心思想之一是"阴阳"理论，认为宇宙万物由阴阳两种对立而又统一的力量构成。这一理论与现代科学中的对立统一规律（如正负电荷、力与反作用力）有相似之处。《易经》强调"变易"是宇宙的基本规律，认为一切事物都处于不断变化之中。这一思想与现代科学中的动态系统理论相契合。《易经》还提出"天人合一"的思想，强调人与自然是一个整体，人类应顺应自然规律。这一思想与现代生态科学的核心观念高度一致。《易经》通过"象"和"数"来描述宇宙规律，这种思维方式与现代科学中的模型构建有相似之处。《易经》中的五行理论（金、木、水、火、土）描述了宇宙万物的相互关系和作用规律。这一理论与现代系统科学中的相互作用和反馈机制有相似之处。

尽管《易经》中的某些思想与现代科学存在契合性，但其本质是一种哲学和文化体系，而非严格的科学理论。现代科学强调实证和逻辑推理，而《易经》更注重直观和象征性的思维方式。因此，在现代科学发展的背景下，我们可以从《易经》中汲取智慧，但同样需要以科学的态度和方法进行研究和实践。

2016 年 8 月 16 日，"墨子号"量子科学实验卫星在九泉卫星发射中心成功发射升空。给这颗卫星取"墨子号"这个名字，是因为墨子是中国历史上的第一位科圣。墨子生活在 2400 年前，他主张"兼爱、非攻"，也就是平等、博爱、反对战争。先秦时期，物理学和手工业技术知识空前丰富，大约在战国初年成书的《墨经》是这一时期的代表著作。一般认为，《墨经》是墨家的创始人墨翟（公元前 5 世纪）及其弟子后学的集体创作，包括了力学、光学、数学等自然科学知识。《墨经》里面提到"端，体之无序而最前者也"。"端"指的是小颗粒，是组成所有物质的最基本的单位。从这个含义上讲，墨子是所有科学家里面最早提出原子概念雏形的人。

量子力学是研究微观粒子基本运动规律的物理学科，是当代物理最重要的基础理论之一。量子力学不仅奠定了人们探索基本粒子、原子核、原子分子和凝聚态物质的物理基础，而且在化学、生物学等学科和当代技术创新中得到了广泛应用。量子力学的建立，导致了人们对物质运动形式和运动规律认识的根本性变革。20 世纪前的经典物理学（经典力学、电动力学、热力学与统计物理学等）只适用于描述常规宏观情况下物体的运动，不能很好地描述包含原子和亚原子的微观世界。通过量子力学，人们能够正确理解物质基本属性与微观结构关系。例如，物体为什么有导体、半导体和绝缘体之分，元素周期律的本质是什么，原子与原子是怎样结合成分子的，诸如此类问题的正确理解无不以量子力学作为理论基础。借助量子力学，人们还能够解释多体系统的衍生现象，如超导、超流、玻色－爱因斯坦凝聚等极低温下的宏观量子效应。量子力学的研究催生了诸多技术创新，包括核能、半导体、激光、计算机、电视、光纤通信和互联网技术、电子显微镜和核磁共振成像等。

此外，墨子在《墨经》里面还提出"止，以久也，无久之不止"。久是力的意思。这句话说的是一个物体之所以会停下来，主要因为受到力的作用，如果说没有阻力的话，一个物体的运动是永远不会停止的。这与我们在高中学到的牛顿惯性定律是完全一样的。不过，与墨子同时期的著名哲学家亚里士多德却说，如果一个物体不受到力的作用就会停下来。后来牛顿提出了惯性定律，否定了亚里士多德的观点。早在 2000 多年前，我国就已经有一位伟大的科学家提出了非常基本的物理学概念。

《墨经》中有关光学的八条论述，是中国最早的有关小孔成像、镜面反射等光学现象的经验性论述。这是在实践中认识到的光学知识，总结出八条带有规律性的经验，记录在《墨子·经下》中，分条厘说，通称"墨经光学八条"。这八条讨论了阴影问题、针孔成像问题、光的直线传播问题，以及球面反射镜成像等问题，是《墨经》中的精粹之一。

《山海经》是一部中国古代地理、神话传说著作，记录了大量地理、植物、矿物信息。虽然《山海经》的科学价值不如《易经》和《墨经》明显，但它仍然是研究古代地理和自然历史的重要资料，如《山海经》中的相关记载为研究古代中国的地理环境和文化交流提供了重要信息。

光照

屏

端

影

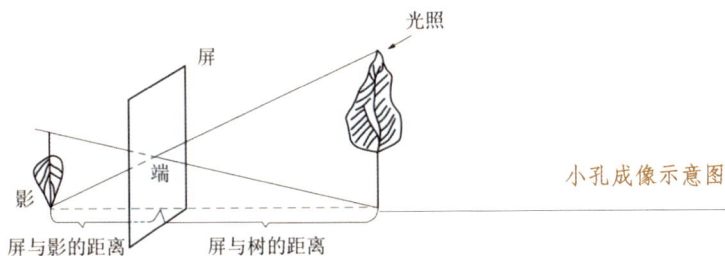

小孔成像示意图

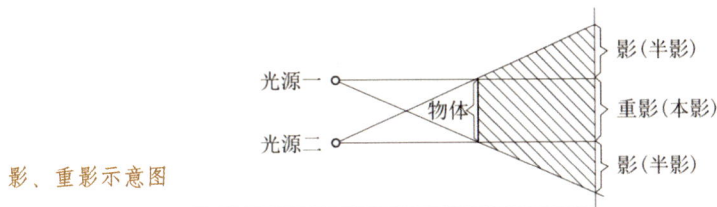

屏与影的距离　　屏与树的距离

光源一

物体

影（半影）

重影（本影）

光源二

影（半影）

影、重影示意图

　　《山海经》是一部充满奇幻色彩的著作，包含许多具有科学幻想元素的内容。科学幻想也是科学的本质属性之一。《山海经》描述了大量奇特的生物和地理景观，如九尾狐、人面鸟身的精卫、九头的相柳等，这些生物在现实中并不存在，却激发了人们对于生物多样性和变异的想象；"汤谷上有扶桑，十日所浴"中的扶桑，生长在日出之地，与现实中的植物和地理环境大不相同；书中还提到"共工怒触不周山，天柱折，地维绝"引发天倾西北、地不满东南的现象，可视为古人对地理变迁和天地结构的一种大胆幻想。

值得一提的是，《山海经》里有关于"奇肱之国"的记载，其国民能制造飞车，乘风远行。对奇肱飞车的构造、动力，人们至今仍无从考证，它的出现在黄帝指南车之后，结合"善为机巧，以取百禽"的机械制作技术背景，可见奇肱飞车的出现基本上是遵循科学发展逻辑的。

这些内容反映出古代中国人丰富的科学想象力和对未知世界的不懈探索，这种科学想象

《山海经》书影

力为今天的科学研究提供了源源不断的启发，保持求索的精神也传承至今。

三代以上，人人皆知天文

顾炎武在《日知录》中有载："三代以上，人人皆知天文。七月流火，农夫之辞也；三星在户，妇人之语也；月离于毕，戍卒之作也；龙尾伏辰，儿童之谣也。"

出于生活和生产实践的需要，当时没有纸张，人们观察天象的经验只有靠口耳相传，才能不误农时。农夫发现七月傍晚时大火星（天蝎座的 α 星）很快就下落到西南地平线以下；妇女看见参宿三星正照临门口；边防士兵发现月亮运行到毕宿时就要下雨；儿童看见苍龙星座的尾巴蛰伏在太阳光之下。的确，夏商周三朝，天文知识逐渐普及开来。

《夏小正》是现存中国古代最早的物候天象历，记载了一年里每个月的物候、天象情况和相应生产活动的安排，其中有几个月还有关于气象的记述。书中提到与一年中某一月份相关联的动植物有 50 多种。其中，有以木本植物（柳、梅、杏等）和草本植物（菲、堇、芸等）的始花期、始绿期或始熟期作为候开始标志的，也有以鸟（雁、鹰、鸠、燕等）、兽（鹿、麋、獭、狸等）、虫（蛤、蜃、蜉蝣等)、龟的来往、出入、交尾或鸣叫期作为候开始标志的。这些特征便于观察，又具有比较稳定的周期性，是一种科学的选择。

星象的周期性变化比物候和气象的周期性变化更为稳定和精确，所以《夏小正》也以常见的恒星或星座如织女星、北斗星等所处的方位、出没、见伏、中天或指向的状况来确定时令，这反映了中国古代历法从比较粗疏的物候历向比较精确的天象历即"观象授时"法的过渡。

商朝的天文资料，可见于殷墟卜辞之中。首先是干支纪日法几乎随处可见，以甲、乙、丙、丁、戊、己、庚、辛、壬、癸 10 个天干，同子、丑、寅、卯、辰、巳、午、未、申、酉、戌、亥 12 个地支连续相配，组成甲子、乙丑、丙寅等 60 个纪序单位，用于循环纪日，这是中国先民的独创。在甲骨卜辞中，载有大火星、鸟星等名称，这是殷人经常观测用于定季节并进行祭祀的星座。卜辞中的天象记录也有很多，常有"日有食""夕月食"之类的记载。

西周的天文资料，记述更为细致。《诗经·小雅·十月之交》中"十月之交，朔日辛卯，日有食之"，据考是指发生在周幽王六年十月(公元前 776 年 9 月)的日食。此外，从出土的西周铜器上的铭文中，也看到大量的年、月、日和月相的记载。

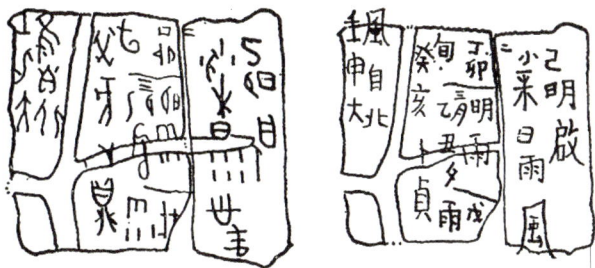

甲骨卜辞摹本及示意

夏爵商鼎西周簋

　　夏朝进入青铜时代已为考古发掘所证实。大约是夏朝晚期都城的河南偃师二里头遗址，近几十年来出土了青铜器40多件，礼器、兵器、工具和饰件诸类俱全。礼器以青铜爵数量最多，也最具有代表性。

　　二里头青铜器是用泥范铸造成形的，或两块范对开（如戈、镞、牌饰等），或三块范芯组合，或由更多块范和芯组成铸型（如爵、鼎等）。通常将这种用泥制作的范作为铸型的铸造工艺称为块范法。在中国青铜时代早期，用块范法铸造青铜器已处于主导地位。

　　偃师二里头文化遗址还出土有铅块，表明

当时已掌握了炼铅工艺。化学分析表明二里头铜器的材质既有纯铜，也有铅青铜、锡青铜，还有铜 - 锡 - 铅三元青铜，可见炼锡工艺已经出现。与其他古文明相比较，中国青铜时代早期的青铜冶铸工艺已相当发达。

中国用石范铸造青铜器也很早。山西夏县东下冯遗址出土的石范，主要用于铸造青铜工具和兵器。有的石范上刻有多个型腔，一次可铸数件器物，表现出了相当的进步性。

商朝是青铜业的鼎盛时代。"国之大事，在祀与戎"，既然当时祀礼和征战是国家的头等大事，那么青铜礼器和青铜武器的制作自然也十分重要。

郑州是商朝前期的重要都城，先后发现了大量的泥范、坩埚和青铜器。其中的 4 件大型方鼎表明商前期已能娴熟地运用泥范铸造形状相当复杂的青铜器，其技术关键是分铸铸接工艺的运用，即将复杂的器物分为简单的部件分别铸造，再铸接成一体。商后期定都安阳二三百年，青铜冶铸业又向前发展了一大步，著名的后母戊鼎就是这一时期的杰作。

1976 年，陕西省临潼县（今西安市临潼区）零口乡西周窖藏出土了西周利簋。器腹及方座饰兽面

晋侯鸟尊

西周利簋

纹、龙纹，圈足饰龙纹，均以雷纹为地，方座平面四角饰蝉纹。这种圈足连铸方座的簋是西周初期新出现的形式。利簋是已知年代最早的、记录商周王朝更替大事的青铜器，通高28厘米，口径22厘米，重7.95千克。内底铸铭文4行32字，大意是讲：周武王征伐商纣，在甲子日早晨，岁星正当其位，昭示战争有利于周，能够在一夜之内占有商。八天后之辛未日，武王赏右吏利青铜，利制作了祭祀先人的宝器。簋铭中的甲子纪时，印证了《逸周书·世俘解》《尚书·牧誓》《史记·周本纪》等文献对武王伐商历日的记载，有重要的史料价值。

这些青铜器成组配套，造型凝重而优美，纹饰华丽而神秘，冶铸工艺精湛巧妙，体现了商周时期辉煌的技术成就和文化艺术。

二、中国传统科技体系的形成

中国传统科技体系的形成和发展是一个漫长而复杂的历史过程，涉及农业、手工业、商业等多个领域，受到宗教、哲学、文化等多种因素的影响。通过不断地实践和创新，中国古代人民积累了丰富的经验和知识，形成了一套独特的科技体系。

秦汉时期中国不仅完成了诸如纸、指南车、记里鼓车、手摇纺车、织布机、水碓、龙骨水车、风扇车、独轮车、钻井机、浑天仪和候风地动仪等许多重大技术发明，而且在以刘安为代表的新道家和以董仲舒为代表的新儒家思想的影响下，以阴阳、五行学说和元气论为哲学基础形成了算学、天学、舆地学、农学和医学范式。大致成书于西汉时期的《九章算术》，总结秦汉以前的数学成就并确立中国数学的发展范式，成为汉代以降两千年之久数学之研究和创造的源泉。东汉张衡的《灵宪》和《浑仪注》阐述宇宙从混沌的元气演化出浑天结构的物理过程，这一模型作为主导范式一直指引着中国传统天文学的发展。

机械技术巧夺天工

秦始皇陵铜车马，既反映了秦朝高度发达的车辆配置，又展示当时了精湛的铸造技术、金属加工和连接组装工艺。汉朝车辆种类很多，有客车、货车、专用车，以及四轮车和独轮车等，铁制车辆配件相继出现，仅车轮的制作就相当复杂。汉朝马车上用的是先进的胸带式系驾法；当时欧洲采用的多是效率较低的颈带式系驾，而采用胸带式系驾法则晚了中国 6 个多世纪。

西汉时已有金属齿轮，而木齿轮的使用应当更早一些。东汉出现了采用齿轮传动的记里鼓车和指南车。

　　秦汉时，中国与域外的交往渐多，中国船舶成功地远航至印度洋沿岸，依赖的正是日趋成熟的船舶技术。为了提高船的结构强度，秦汉工匠用铁钉取代了木钉，用多块木料拼制船体，其缝隙填充油灰。这些措施为建造大型木船创造了条件。汉朝还有大量的三四层舱室的楼船和各类舰船。继桨的广泛采用，西汉时的船用上了橹。到了东汉，开始使用尾舵，那时人们早已熟悉了风帆推动的舟船。橹、舵、帆的应用也标志着行船装置的完备。

记里鼓车复原模型

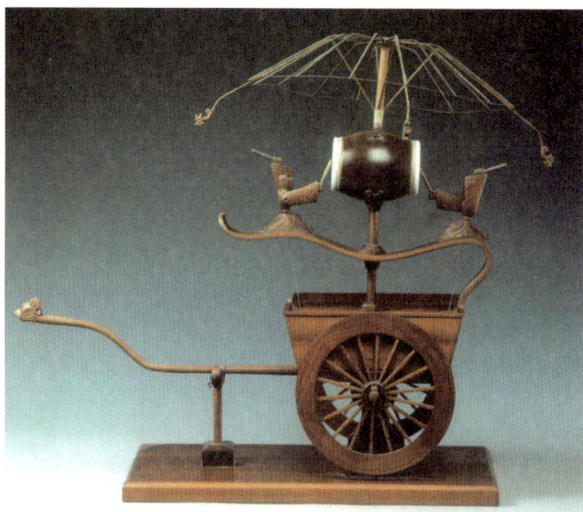

车辕

旋风轮

上平轮

下平轮

右足轮

立轮

立面

下平轮

上平轮

旋风轮

立轮

右足轮

平面

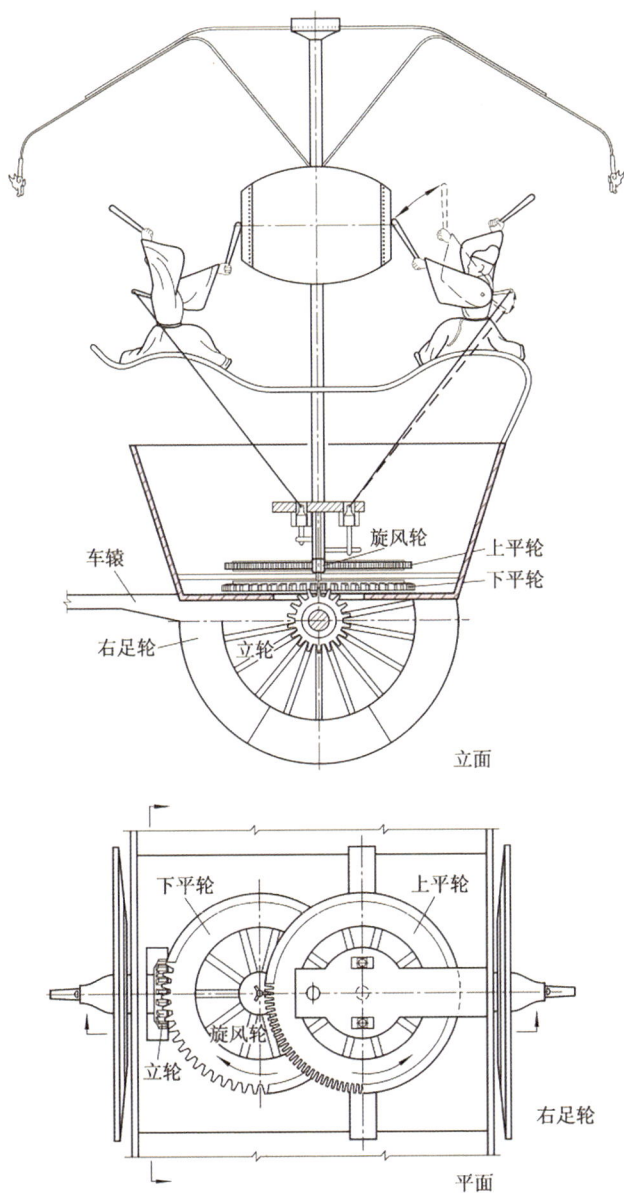

记里鼓车齿轮机械结构复原图

43

球墨铸铁百炼钢

秦朝的工具多用钢铁制作，青铜多用于制作车马器、日用器和钱币，礼器制作则走向衰落。

汉朝的冶铸技术和工艺又有显著的进展。河北满城刘胜墓的长信宫灯，造型生动、设计巧妙、通体鎏金，颇为华美。同墓出土的错金博山炉，是秦汉时期失蜡铸造的代表作。这一时期的失蜡法在云南有了长足的发展，晋宁区石寨山出土的大批贮贝器上，或铸有祭祀场面，或铸有战争格斗的场面，人物与建筑物皆栩栩如生，反映了发达的工艺水平。

汉朝的钱币需求量很大，这为叠铸工艺的发展提供了用武之地。叠铸工艺还被用于铸造铁工具和车马器。

秦汉钢铁冶炼向大型化发展，而鼓风技术的改进与提高是其基础。此后，又出现了用马力驱动的鼓风机，叫作马排。东汉时期则有了用水力驱动鼓风机的水排。鼓风技术的改进，大大提高了鼓风能力，炼铁炉可以更大。郑州市古荥阳东汉时期的炼铁竖炉已高达 5~6 米，有效容积达 50 立方米，日产铁 1 吨。铸铁柔化术在汉朝有了新的发展，出现了球状石墨韧性铸铁，这是两千年前中国古代铸铁技术的杰出成就。百炼钢工艺的出现是渗碳制钢工艺在汉朝的又一发展。这种工艺增加了锻造次数，使钢材更加纯净，组织更加均匀。将锻件加热后在水中淬火，经过这样处理的刀剑其刃口更加坚利。

长信宫灯

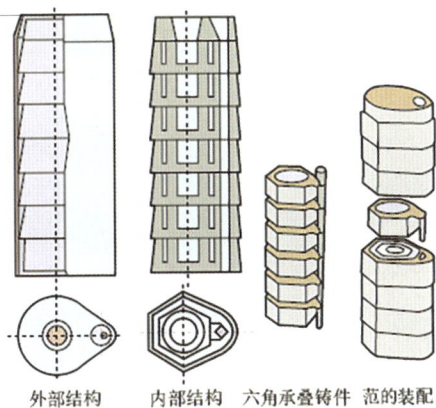

东汉叠铸工艺（六角承范）

外部结构　　内部结构　　六角承叠铸件　范的装配

秦时明月汉时关

秦汉武备，威震遐迩。秦始皇为阻挡匈奴入侵中原，在战国边境城墙基础上，修筑万里长城。《史记·秦始皇本纪》载，"起临洮（今甘肃省岷县西），至辽东，延袤万余里"。汉武帝时又重建，据居延汉简记载，长城"五里一燧，十里一墩，卅里一堡，百里一城"。秦的长剑强弓、汉的劲弩长戟和坚甲利刃，都体现了秦汉格斗兵器和防护装备的先进性。

秦始皇陵 1 号铜车马

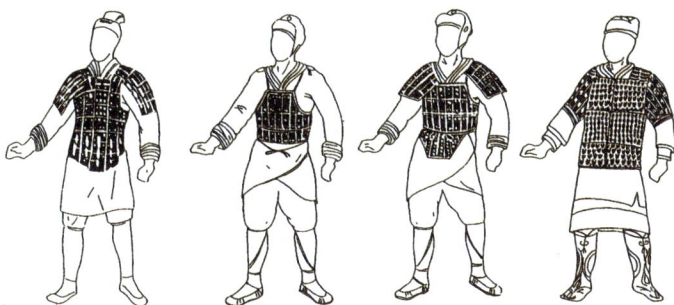

秦汉时期甲胄防护部位发展示意图

三、中国传统科技的发展高峰

中国科学技术经过夏商周三代的发展，在百家争鸣的春秋战国时期（公元前 770—前 221 年）奠定了科学的理性基础。在君主专制的体制和儒道互补的思想背景下发展的中国科学技术，在秦汉时期形成自己的范式，其后经历南北朝、宋元和晚明三次高峰期。每高峰期，人才辈出，成果丰硕，且居于当时世界的前列。

进入封建社会时期，科技文化更是得到了迅速的发展，诞生了一批又一批的科学家和发明家。宋代的科技发展达到了封建社会的一个巅峰时期，四大发明的印刷术、指南针和火药经过宋朝的再度完善，并且传到欧洲和世界各地，影响了人类的进程。

科技成果层出不穷

南北朝时期，以魏晋玄学为特征的新道家思想解放运动，催生了 5 世纪中叶到 6 世纪中叶中国传统科学技术第一次高峰。刘宋数学家祖冲之计算圆周率所得 π 值的精度记录保持了近千年之久。北齐天文学家张子信经 30 多年的观测发现了太阳和五星视运动的不均匀性，这是继虞喜发现岁差（330 年）后的又一划时代的发现，为后世的太阳和五星视运动研究开辟了新方向。在地理学领域，继裴秀创立"制图六体"理论和"计里划方"绘图方法以后，北魏郦道元的《水经注》开创以水道为纲综合描述地理的新形式。北朝后魏农学家贾思勰的《齐民要术》（成书于533—544 年）标志着中国农学体系的成熟。在医学领域继皇甫谧的《针灸甲乙经》（约259 年）之后，南齐本草学家陶弘景的《神农本草经集注》将人文原则的"三品"分类法改为依药物自然来源和属性的分类法，开辟了本草学的新理论体系。

宋时期，技术发明家毕昇在雕版印刷全盛的时代发明胶泥活字，开启活字版印刷时代的先河。曾公亮等人编著的《武经总要》（1044年），记载火药配方和包括火箭在内的各种火器，以及用于航海的水罗盘指南鱼的制造方法。数学家贾宪在其《黄帝九章算经细草》中所创造的开方作法本原和增乘开方法，600年后才有法国数学家达到同一水平。天文学家苏颂在其《新仪象法要》（1094年）中，描述了他与韩公廉等人合作创建的水运仪象台，其中有十几项属于世界首创的机械技术，包括领先世界800年的擒纵器。建筑学家李诫著《营造法式》（1103年），全面、准确地反映了当时中国建筑业的科学技术水平和管理经验，以其权威性作为建筑法规指导中国营造活动千年左右。医学家王惟一主持铸造针灸铜人，并著《铜人腧穴针灸图经》（1027年），对针灸技术的发展起了巨大的推动作用。沈括在数学、物理、天文、地理和工程技术诸多领域都有创造性的贡献，作为达·芬奇式的全才科学家享誉世界。《洗冤集录》成书于13世纪，但其中许多论述被现代法医学证明是合乎科学的。它是中国最有代表性的法医学专著之一，在世界法医学史上也占有十分重要的地位，不仅指导了宋朝及其后世的司法实践，同时还对世界各国产生了重大影响。数百年此书被译成英文、法文、德文、日文等文字，被奉为法医学的经典。

宋元时期是我国传统科学发展的顶峰，有著名的"宋元数学四大家"——秦九韶（1208—1261年）、李冶

（1192—1279 年）、杨辉（生卒年不详）、朱世杰（1249—1314 年），以及"金元医学四大家"——刘完素（约1120—1200 年）、张从正（1156—1228 年）、李杲（1180—1251 年）、朱震亨（1282—1358 年）。技术方面也取得一系列成就，大都城是唐代以来中国规模最大的一座新建城市，有统一的规划和周密的建设计划，反映了当时的科学技术成就，在中国城市规划与建设史上占有重要地位。

晚明时期，在实证实学思想的影响下，16 世纪中叶到17 世纪中叶的晚明时期，以综合为特征的一批专著展现了中国传统科学技术第三次高峰。医药学和博物学家李时珍的《本草纲目》（1578 年）提出了接近现代的本草学自然分类法，该书不仅为其后历代本草学家传习，并传到日本和欧洲诸国，被生物进化论创始人达尔文等现代科学家引用。音律学家、数学家和天文学家朱载堉的《乐律全书》解决了十二平均律的理论问题，领先法国数学家和音乐理论家梅森半个世纪，并受到德国物理学家亥姆霍兹的高度评价。天文学家、农学家徐光启的《农政全书》（1639 年）对农政和农业进行了系统的论述，成为中国农学史上最为完备的一部集大成的总结性著作。宋应星的《天工开物》（1637 年）简要而系统地记述了明代农业和手工业的技术成就，其中包括许多世界首创的技术发明，17 世纪末开始传往海外诸国，迄今仍为许多国内外学者所重视。旅行家和地理学家徐弘祖的《徐霞客游记》（后人整理，成书于 1642 年）描述了百余种地貌形态，在喀斯特地貌的结构和特征研究领域领先世界百余年。吴又可在其《温疫论》（1642 年）中提出的"戾气"概念，距 200 年后法国化学家和微生物学家巴斯德的细菌学说一步之遥。

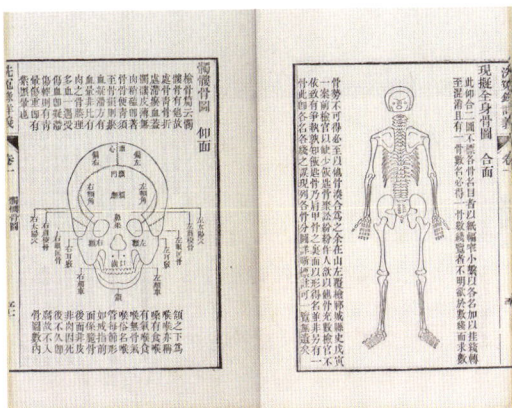

《洗冤集录》书影

《天工开物》升炼倭铅图

华山，位于陕西省华阴市。以其险峻的山势和
壮丽的风景闻名于世，素有"奇险天下第一山"
之称，徐霞客在《游太华山日记》中描述，"不
特三峰秀绝，而东西拥攒诸峰，俱片削层悬"

漓江，位于桂林市。水质清澈，两岸多为岩溶地貌，著名的桂林山水就在漓江上。徐霞客在《粤西游日记十四》中写道："阳朔之漓水，群峰逶迤夹之，此江行之最胜者"

规模宏伟元大都

元大都是继唐长安之后的又一座规模宏大、规划完整的城市，由三重城组成，最内为宫城，宫城外是皇城，皇城外是郭城。皇城坐落于南北中轴线南端，两侧按"左祖右社"建太庙和

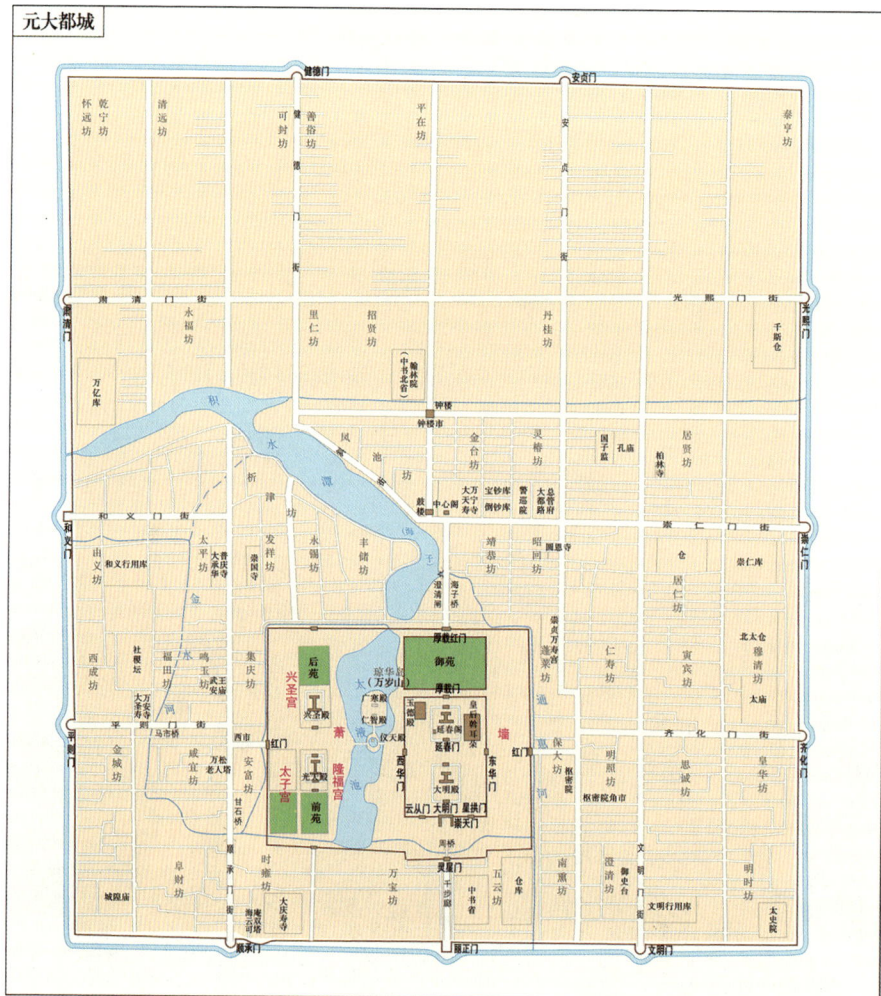

元大都城

社稷坛。皇城由三组宫殿组成，分别为宫城 (皇帝居住和治理朝政)、西御苑 (太后居住)、兴圣宫 (太子居住),围绕太液池布置，宫城北为御苑。

城区同样以《周礼·考工记》所说的"国中九经九纬，经涂九轨"为原则，分成东西或南北向的街道坊衢，发展临街设店、按行成街的布局。东西南北大道各 9 条，干道之间有井字形街巷，寺庙、衙署、商店、住宅、戏台、酒楼分布其间。值得一提的是元大都水系的设计，它东接通惠河使南物北调直抵大都，北掘新渠引北部山中之水汇合西山泉水至城北湖泊，再进入通惠河，使大都水源丰富。

数理精微大衍术

11 世纪上半叶贾宪撰《黄帝九章算经细草》，是为北宋最重要的数学著作。他将《九章算术》的术文大多抽象成一般性术文，提高了《九章算术》的理论水平。他提出的"开方作法本源"（"贾宪三角"，即整次幂二项式系数表),在欧洲被称为"帕斯卡三角"(帕斯卡于 1654 年发现这一规律)。贾宪还提出了开 4 次方的程序，即增乘开方法，在西方最早建立类似方法的是意大利的鲁菲尼和英国的霍纳，故称鲁菲尼 - 霍纳法，但他们比贾宪晚了约800 年。

秦九韶于 1247 年所撰的《数书九章》，为南宋时期杰出的数学著作。《数书九章》分大衍、天时、田域、测望、赋役、钱谷、营建、军旅、市易九类八十一题，其数学成就主要是高次方程数值解法和一次同余方程组解法。他在增乘开方法的基础上提出正负开方术，把高次方程数值解法发展到十分完备的程度。他的方程有的高达 10 次，方程系数除规定"实"（常数项）常为负外，对其他系数在有理数范围内没有任何限制（既可为正数，也可为负数），这实际上是求解如下方程的正根：

$$f(x) = a_0 x + a_1 x^{n-1} + \cdots + a_{n-1} x + a_n = 0$$

$$其中 \ a_0 \neq 0, a_n < 0$$

在解方程开方过程中，会出现常数项由负变正的情况，秦九韶称其为"换骨"；出现常数项绝对值增大的情形，秦九韶称其为"投胎"。换骨投胎后，仍有办法解决问题。

秦九韶对非两两互素提出了化为互素情形的"大衍总数术"程序。这在欧洲，明确见于德国数学家高斯的《算术探究》(1801 年)，比秦九韶晚了 500 多年。故现在大衍求一术又称"秦九韶程序"或"中国剩余定理"。

李冶总结并完善了"天元术"，成为中国独特的半符号代数，对中国古代数学由算术走向代数的发展产生了重要影响。李冶著有《测圆海镜》和《益古演段》，前者系统阐述天元术，后者普及天元术，是数学史上的不朽名著。

朱世杰的数学代表作有《算学启蒙》和《四元玉鉴》。《算学启蒙》是一部通俗数学名著，曾流传海外，影响了朝鲜、日本数学的发展，《四元玉鉴》则是中国宋元数学高峰的标志之一，其中杰出的数学创作有"四元术"（多元高次方程列式与消元解法）、"垛积法"（高阶等差数列求和）与"招差术"（高次内插法）。

杨辉是南宋另一位著名的数学家。1261—1275 年的15 年中，他先后完成了数学著作 5 种 21 卷，是元以前传世著作最多的中国数学家。其《详解九章算法》敢于突破《九章算术》成书千余年来的传统分类格局，提出按"因法推类"原则重新整理九章的方法；《日用算法》的目的是"补日用""助启蒙"，表现了他重视数学知识的实际应用与普及的思想；《乘除通变本末》《田亩比类乘除捷法》和《续古摘奇算法》统称《杨辉算法》，其中有算法歌诀，生动有趣，便于记忆，适用于数学普及和教育。

中国近代科学的先驱者徐光启（1562—1633 年），万历进士，官至崇祯朝礼部尚书兼文渊阁大学士、二品光禄大夫。师从意大利来华传教士利玛窦（1552—1610 年）学习西方的数学、天文、历法、测量和水利等，二人合作翻译了《几何原本》前 6 卷《测量法义》等西方科学著作，

徐光启

利玛窦

他对介绍和吸收欧洲科学技术起到了积极的推动作用，为 17 世纪中西科学文化交流作出了重大贡献。

四、中国近代科技的转型与挑战

就在大清帝国耽迷于"天朝无所不有"的虚骄心态而蹒跚前行的时候，欧洲的社会革命和产业革命方兴未艾。在清前期和中期的 200 年里，欧洲完成了以牛顿力学体系为标志的近代科学革命，又实现了以蒸汽动力为核心的近代技术革命。两次鸦片战争所显示的先进与落后的强烈反差，使中国的开明官绅不得不对西方的科技与器物另眼相看。

随着 1860—1895 年洋务运动的开展，一些有经世致用之学的知识分子被搜罗到政府和洋务机关新设的书馆、译局和企业中，开始比较系统地介绍西方的技术和科学。当时纷纷开办与洋务有关的书局和译局，如 1862 年清廷在北京设立同文馆，1863 年在上海和 1864 年在广州相继设立广方言馆，1868 年在上海江南制造局设立译书馆，在这类机构中出现了一批新型科学家，他们在洋务运动兴起之后已经与清朝中期以来那种与西方隔绝的学术传统告别。同时开办与洋务有关的新式学校，如福建马尾船政学堂、北洋水师学堂、天津武备学堂等军事学堂，进行了近代科学技术的启蒙教育，培养了新的技术人才。

1895 年，中日甲午之战宣告了洋务运动的失败，但此后维新高潮涌起，社会上要求学制革命的呼声日高。1896 年在上海开办了南洋公学。1898 年戊戌变法期间成立的京师大学堂是中国的第一所大学，是北京大学的前身。1911 年以留美预备为目的而建立的清华学堂（后又改称为清华学校）则是清华大学的前身。因学校的发展对教科书需

福建马尾船政格致园

求量剧增，商务印书馆（1897年）和中华书局（1911年）先后成立。

在中国第一位留学生容闳（1847年留美）的努力下，从1872年起，清政府每年派30个少年学生到美国留学，共派4期120人，其中就有后来因建造铁路而大名鼎鼎的詹天佑。在洋务运动高潮中，从1876年开始，清朝政府又从福建、天津等地的洋务学堂中派出一批青年到英、法、德等国去学习军工、造船和驾驶技术，其中就有严复和丁汝昌。后来，清朝政府在八国联军攻破京城这种奇耻大辱的刺激下，大批派遣留学生，以图自强。1900—1906年，留学生总数达万人以上，其中留学日本的

1898 年 7 月 3 日,光绪帝诏设京师大学堂,吏部尚书孙家鼐受命为首任管学大臣。京师大学堂是戊戌变法的产物,1912 年改称北京大学,严复任校长

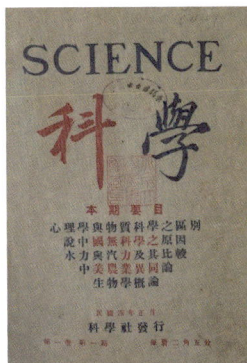

胡明复（1891—1927 年）等 9 人于 1915 年 1 月在美国创立《科学》期刊

就有 8000 多人。正是在这个时期留学日本的学生之中,聚积起了辛亥革命的中坚力量。同时,一大批以仕途为目标的儒生转变为以专业为目标的知识分子和科技人才,如詹天佑（1861—1919 年）。

1915 年,中国科学社成立,《科学》杂志创刊,标志着中国近代科技体制开始建立。从此,中国进入了科技发展的新时期。

合中西之各术　绍古圣之心传

　　1861 年，洋务派奕䜣等奏请开办京师同文馆，1862 年成立，直属总理各国事务衙门，这一行动成为中国近代化运动——洋务运动之始。

　　同文馆开始只设有外语课程，培养办理洋务所需的翻译人才。1866 年又"因制造机器必须讲求天文算学，议于同文馆内添设一馆"，即"天文算学馆"。1867 年起招收 30 岁以下的秀才、举人、进士、翰林，以及科举出身的五品以下官吏入学，厚给薪水，住馆学习历算，兼及"格致"（科学）。1868 年，李善兰自南京北

李善兰

上，就任同文馆天文算学总教习，时年 57 岁。晚年，他官居高位，曾被授三品卿衔户部正郎、广东司行走、总理各国事务衙门章京等职，但他从未离开过同文馆天文算学馆总教习这一教学岗位，直至 1882 年去世。其间所教授的学生包括席淦、贵荣、熊方柏、陈寿田、胡玉麟、李逢春等知名学者。晚年，获得意门生江槐庭、蔡锡勇二人，即致函好友华蘅芳，称"近日之事可喜者，无过于此，急欲告之阁下也"。这些人在传播近代科学，特别是近代数学方面都起到过重要作用。因此，时任同文馆总教习的美国人丁韪良曾说："是皆壬叔（李善兰）先生教授之力也。呜呼！合中西之各术，绍古圣之心传，非壬叔吾谁与归？"

所谓"合中西之各术，绍古圣之心传"，实际上就是发扬中国古代数学思想方法，并将之纳入当时世界通行的近代数学体系之中。

李善兰身处新旧交替、中西融合的历史时期，眼光敏锐，思想活跃，既不盲从，又不保守，是很有胆略、很有气量的。在中国古代数学名著中，他选定了金元时期李冶的《测圆海镜》为同文馆的数学教材，这是因为李冶的"天元术"就是西方的代数学，"立天元一"即"设未知数"，而在《测圆海镜》中由 170 个勾股容圆问题归纳出来的"九容公式"，也是与几何图形有关的代数运算问题，属于基本技能和技巧的训练内容。李善兰高度评价《测圆海镜》这本书，认为自己"译西土代数、微分、积分诸书，信笔直书，了无疑义者，此书之力焉"。他撰《测圆海镜解》，取《测圆海镜》中的原题，"今以代数演之，则合中西为一法矣"。

当时从西方传到中国来的近代数学，本身就是吸取了大量包括中国在内的东、西方各民族的数学成果的产物。尽管自代数学和微积分传入以后，中国古代的天元术和传统的幂级数研究难以再有进一步的发展，但中国古代数学汇入世界数学洪流之中是中国数学发展的必然趋势。李善兰是顺应这种历史潮流，并起到了推波助澜作用的。李善兰的科技教育思想以数学、天文学教学为依托，有以下三个特点。

一是重自身传统。李善兰出生于 1811 年，自幼就读私塾。他资禀颖异，勤奋好学，于所读之诗书，过目即能成诵。他自谓 9 岁那年，读到一部古算本《九章算术》。他平时接触的多是四书五经，还从来没有读过数学书，打开来一看，没有"子曰"，没有"之乎者也"，却有"方田""粟米""商功""均输"这些与生产生活密切联系的数学问题，他感到十分新奇有趣。于是迷上了数学，而且一生读书、著书、教书三阶段都推崇中国传统数学思想方法。特别是在担任同文馆天文算学总教习时，系统选择中国传统数学名著为教材，让学生汲取中国传统数学思想、数学方法和数学文化的精华。自己也有《则古昔斋算学》问世，记述研习古算心得并有所发展。

二是重外来吸收。李善兰自谓 15 岁那年，读到一部明末徐光启和意大利传教士利玛窦合译的古希腊数学名著欧几里得《几何原本》(前 6 卷)。书中，欧氏几何严密的逻辑体系、清晰的演绎体系，同偏重实用解法和计算技巧的中国传统数学体系不同。李善兰同英国传教士伟烈亚力合作翻译了《几何原本》后 9 卷，使之成为全璧。他还翻译了《代数学》13 卷《代微积拾级》18 卷《谈天》18 卷、《重学》20 卷、《植物学》8 卷等西方科学著作，并课弟子。

三是重联系实际。李善兰很重视从实践中学习数学和天文知识，他的经学老师陈奂说他"熟习九数之术，常立表线，用长短式依节候以测日景，便于稽考"。关于他洞房花烛夜"失踪"的故事，更是在家乡一带传为美谈：原来李善兰为了研究数学和天文历法，每天晚上都要独自上东山，观测象纬躔次。结婚那天晚上，他来不及上山去，只好跑到顶楼窗台上观测天象。李善兰在同文馆也要求他的学生们，躬身实践，动脑动手，以求真知。

李善兰从事天文算学研究和教学工作，其动力出于他的爱国主义情怀。

1840 年鸦片战争爆发。1942 年英军攻陷江浙海防重镇乍浦。乍浦离李善兰的家乡硖石只有几十里的路程。他耳闻目睹了侵略者烧杀淫掠的血腥罪行，满怀悲愤，奋笔疾书《乍浦行》一诗："壬寅四月夷船来，海塘不守城门开。官兵畏死作鼠窜，百姓号哭声如雷。夷人好杀攻用火，飞炮轰击千家灰……饱惊十日扬帆去，满城尸骨如山堆。朝廷养兵本卫民，临敌不战为何哉……"鲜明地表达了他对侵略者的刻骨仇恨，对老百姓的深切同情，对清政府临敌不战的强烈谴责，以及他对敌主战的坚决态度。

鸦片战争血淋淋的事实，激发了李善兰忧国忧民和科学救国的进步思想。他说："呜呼！今欧罗巴各国日益强盛，为中国边患。推其原故，制器精也；推原其制器之精，算学明也。"为了国家的强盛，他希望"异日人人习算，制器日精，以威海外各国"。从此，他自己便身体力行，在家乡刻苦从事数学研究工作。

1845 年前后，李善兰在家乡设馆授徒，并多有著述。1852 年，李善兰到上海墨海书馆，开始同西方传教士合作翻译西方近代科技著作。1861 年，李善兰到安庆曾国藩的军械所，同徐寿、华蘅芳共同研制机动船只，参与洋务运动。1868 年，李善兰北上，任同文馆天文算学总教习，培养人才，至 1882 年去世，为他的一生画上了一个圆满的句号。

经过赤道知冬暖　渐露青山识地圆

华蘅芳（1833—1902 年），数学家、教育家、翻译家。华蘅芳出身于官宦人家，世居无锡惠山下，但他自幼不爱读四书五经，不会做八股文章。他自述，"余七岁读《大学》章句，日不过四行，非百遍不能背诵。十四岁从师习时文，竟日仅作一讲，师阅之，涂抹殆尽"，而"于故书中检得坊本算法，心窃喜之，日夕展玩，尽通其义"。他的父亲见他嗜好数学，也就因势利导，每每回乡省亲，就给他买来一些古算书，使他在青少年时代就比较系统地学习了中国传统数学知识。

华蘅芳

　　华蘅芳不仅博览算书，刻苦自学，还善于寻师访友，求教高明。他得悉家乡附近的无锡有一位名叫徐寿的人，"性好攻金之事，手制仪器甚多"，便登门造访。徐寿比华蘅芳年长18岁，素以"毋二色，毋妄语，接人以诚"为座右铭。两人见面，志趣相投，遂结忘年之交。华蘅芳还专程去上海拜访过正在墨海书馆翻译西方近代科学书籍的李善兰，并同那里的著名学者容闳和外国传教士伟烈亚力、傅兰雅等人相识。

　　1861年秋，曾国藩在安徽筹建安庆军械所，委派江苏巡抚薛焕邀请华蘅芳和徐寿参与其事。华蘅芳怀着满腔热忱，同徐寿一道于1862年初来到安庆军械所内军械分局，着手机动船只的研制工作。一方面，他们从墨海书馆合信的《博物新编》中得到有关蒸汽机方面的知识；另一方面，他们又到当时清政府购买的外国轮船上实地观察汽机运转情况。经过3个月的努力，他们试制成功了一台船用汽机模型。接着，又在1863年底试制了一艘小型木质轮船。1864年，军械所由安庆迁往南京。华蘅芳和徐寿在试制小轮船取得的经验的基础上，继续研究改进，终于在1865年造成了一艘新的木壳大轮船"黄鹄"号。这艘轮船，载重25吨，时速20余里，除回转轴、烟囱和锅炉所用的钢铁系国外进口之外，其他所有工具和设备，完全用国产原料自主加工制造。其间，"推求，理，测算汽机"，他出力最多。

1865 年，曾国藩、李鸿章于上海创办江南制造局，"建筑工厂，安置机器"，华蘅芳"经始其事，擘画周详"。后来，局里设龙华火药厂，专门配制火药，但每年要耗费大量白银从国外进口原料"强水"（硝酸）。华蘅芳为节省资金，主持试制硝酸，目验手营，躬身实践，几经失败，最后终于成功。

为了传播近代科学知识，上海江南制造局于 1868 年开设翻译馆。在此以前，从 1867 年起，华蘅芳、徐寿就开始同外国人合作翻译西方近代科技书籍了。华蘅芳分工翻译有关数学、地学方面的书，徐寿则侧重于化学、汽机等方面。至 1877 年，华蘅芳与玛高温等人合译并刊行了《金石识别》《地学浅释》《防海新论》《御风要素》《测候丛谈》《风雨表说》6 种关于矿物、地质、军事和气象方面的书。自 1872 年至 1899 年，华蘅芳又与傅兰雅合译并刊行了《代数术》《微积溯源》《三角数理》《代数难题解法》《决疑数学》《合数术》《算式别解》7 种数学书籍。

1876 年，徐寿、傅兰雅等人在上海邀集中西绅商捐资创办格致书院，延聘中外名人学士讲授科学知识，还设有博物院、藏书楼作为学生实习和阅览之所，已初步具有近代学校和科学研究机构的性质。格致书院成立后，华蘅芳曾来此讲学。1879 年还一度住进书院，不受薪水管理院务。

在译书和教书的同时，华蘅芳还孜孜不倦地进行数学研究工作。1882年，他辑其旧日著述汇刻的《行素轩算稿》问世。1893、1897年又两次增订，再版刊行。

1886年，李鸿章创办天津武备学堂。这是一所新型陆军学校，为清末北洋军阀培养了不少军事人员。1887年，华蘅芳曾到该处担任教习。

1892年，华蘅芳远涉湖北武昌，主讲两湖书院的数学课程。1893年，湖广总督张之洞同湖北巡抚谭继洵在武昌建立新型的自强学堂，分方言（外语）、算学、格致（自然科学）、商务4科，第二年所设的算学一科也移至两湖书院由华蘅芳讲授。

1898年，65岁的华蘅芳回到家乡，执教于无锡学堂。他晚年投身教育界，在数学普及和人才培养方面贡献殊多，成为晚清数学教育的一代宗师。

华蘅芳在数学方面的研究成果主要见于其所著《行素轩算稿》一书中。该书于1882年初版时收入《开方别术》1卷、《数根术解》1卷、《开方古义》2卷、《积较术》3卷、《学算笔谈》前6卷，1893年写成《学算笔谈》后6卷、《算草丛存》前4卷，1897年再续《算草丛存》后4卷，共计6种27卷。此外，华蘅芳的数学著作还有《算法须知》和《西算初阶》。

《学算笔谈》是华蘅芳关于数学理论、数学思想和数学教育等方面的评论性著作，李善兰赞他"独务精深""空前绝后"，吴嘉善誉他"独树一帜，卓然成家"。

在《学算笔谈》中，华蘅芳指出："一切算法，其初皆从算理而出。惟既得其法，则其理即寓于法之中，可以从法以得理，亦可舍理以用法。苟其法不误，则其理亦必不误也。"正确地阐述了数学理论与方法之间的辩证关系。他又说："凡天文之高远，地域之广轮，居家而布帛粟菽，在官而兵河盐漕，以至儒者读书考证经史，商贾持筹权衡子母，算不待治于算，此又算之切于日用，斯须不可离者也。"对于数学应用的广泛性，其认识又是唯物的。对于数学教学和学习的方法，他有许多具体的论述，如"论看题之法""论驭题之法"，等等。他要求学生作数学习题遵循步骤："一必详载题目；二必解明算理；三必全写算式，与其简也宁繁；四必用格式影写，与其作草书宁可作正书。"这样的严格要求也颇中肯綮。

华蘅芳的《学算笔谈》在 19 世纪 90 年代被各地再版多次，作为许多学院和新式学堂的数学教材，如梁启超主讲之长沙时务学堂算学课也习《学算笔谈》。

华蘅芳的一生，是勤奋读书、著书、译书、教书的一生。他"平生受各大吏知遇，币聘争先，未尝一涉宦途"，而"澹忘荣利，务崇敛抑""暮年归隐，惟以陶育后进为事""敝衣粗食，穷约终身"，体现了中国知识分子的传统美德。

华蘅芳的一生，还有一个显著的特点，那就是凡事须经"目验手营"的"实事实证"精神。早在青少年时代，他在家乡同徐寿一道研究光学时就动手把水晶图章磨制成长条三棱镜做过白光的分色实验，为验证弹道呈抛物线则在野外进行实弹射击。中年时代，在南京设计制造成功了我国第一艘以蒸汽为动力的轮船，试制成功了硝酸。到了晚年，他曾在天津自制并放飞了我国航空史上的第一个氢气球。1889 年他送表弟赵元益（1840—1902 年）出洋时，写下了"经过赤道知冬暖，渐露青山识地圆"的诗句，用生动的比喻说明了科学知识来源于对自然现象的实际观察和科学研究。

格致之理纤且微　非藉制器不克显其用

徐寿（1818—1884 年），字雪村，号生元，江苏无锡北乡人，化学家、翻译家、科技教育家，中国近代科技学校——格致书院的创建者。

徐寿出生于无锡市郊一个破落地主家庭。5 岁时父亲病故，17 岁时母亲又去世。幼失怙恃，中道家贫，人称他"赋性俭朴，耐勤苦，室仅蔽风雨，悠然野外，辄怡怡自乐，徒行数十里，无倦色"，诚实朴质且能吃苦耐劳。

在徐寿的青年时代，我国尚无进行科学教育的学校，也无专门从事科学研究的机构，但徐寿从小喜欢自然界的事物，感兴趣于物质的变化，也就只好通过自学来获取一些自然科学特别是物理、化学方面的知识了。

徐寿有两个志同道合的好朋友，一个是比他年长 7 岁的李善兰，一个是比他小 15 岁的华蘅芳。徐寿和华蘅芳都是无锡人，他们相识要早一些。1853 年，35 岁的徐寿与 20 岁的华蘅芳结伴到上海探求新的知识。他们专门拜访了当时在西学特别是数学方面已经颇有名气的李善兰，虚心向 42 岁的李善兰求教，彼此都留下了很好的印象，成为学术上的朋友。其时，李善兰在上海墨海书馆从事西方近代数学、力学、植物学等内容翻译工作，未涉及近代化学，于是徐寿特别关注化学方向的书籍。

1856 年，徐寿再次到上海，读到了英国人合信在墨海书馆编译的《博物新编》，其中有关于氧气、氮气等化学物质的介绍，还介绍了一些化学实验。徐寿被这些近代化学知识深深地吸引住了。他买了不少书籍，还买了一些实验器具和药品，回到家里钻研化学，甚至还自己独立设计了一些实验，表现出他非凡的创造能力。从此，徐寿以其"性好攻金之事，手制仪器甚多"而远近闻名。

1861 年，安庆军械所以"研精器数，博学多通"的荐语征聘了徐寿和他的儿子徐建寅等人。

"黄鹄"号复原图

徐寿在这里的任务是试制机动轮船。史载徐寿"潜心研究，造器制机，一切事宜，皆由手造，不假外人"，据说轮船上的所有零件，都是徐寿带着中国人用锉刀一个一个锉出来的。

1865年，木质火轮船"黄鹄"号制成试航，徐寿亲自掌舵。试航盛况，曾国藩在当晚的日记中有记载，尤为难得的是曾国藩在日记中详细记载了"黄鹄"号轮船的一些技术数据，成为了我国第一艘机动轮船的珍贵科技史料。为了造船需要，徐寿在此期间，还翻译了关于蒸汽机的专著《汽机发初》。

1866 年，徐寿被聘任于上海江南机器制造总局，他提出四项建议："一为译书，二为采煤炼铁，三为自造枪炮，四为操练轮船水师。"把译书放在首位，是秉承了明末徐光启"欲求超胜，必先会通；欲救会通，必先翻译"的思想，对西方近代科学持引进、消化、吸收、创新的态度。

1868 年，50 岁的徐寿在江南机器制造总局内专门设立了翻译馆，延聘伟烈亚力、傅兰雅等西方学者和华蘅芳、季凤苍、王德钧、赵元益等中国略通西学者共同翻译西方近代科技书籍。

自此至 1884 年徐寿逝世这十几年间，他翻译了《化学鉴原》《化学鉴原续编》《化学鉴原补编》《化学求质》《化学求数》《物体遇热改易记》《中西化学材料名目表》，加上徐建寅翻译的《化学分原》，合称《化学大成》，将西方近代无机化学、有机化学、定性分析、定量分析、物理化学、化学实验仪器和方法等都做了比较系统的介绍。其化学元素译名除金、银、铜、铁、锡外，依西文第一音节而造新字，创译了钠、钾、钙、镍、碘等，沿用至今。

徐寿一生在中国近代科技教育史上可以大书特书的事是他于 1874 年同傅兰雅等人在上海创建了格致书院，这是我国近代第一所科技学校。

中国古代并无"科学"一词，与科学最为接近的可谓"格致"。《礼记·大学》曰："致知在于格物，格物而后致知。"格者，至也；物者，事物；致者，推极；知者，识也。格物致知，就是"至物推识"，即体察事物以求得对它的认识，此与科学的含义最为接近。故格致书院就是科技学校。

格致书院的办学宗旨是使"中国便于考究西国格致之学、工艺之法、制造之理"。由此可见，格致书院是地地道道研习科技的学校。

徐寿作为格致书院的董事，带头捐款 1000 银圆，这些银两可在他的老家购置良田百亩。在徐寿的带头下，各界共捐了 7700 两银子，在上海英租界福州路元芳花园北端建起了格致书院。

格致书院学制为 10 年——预科 1 年、初级 3 年、高级 6 年，开设的课程有：矿物、电务、测绘、工程、汽机、制造等，要求掌握"格致机器、象纬舆图、制造建筑、电气化学"，还要学以致用，"有益于时，有用于世"，达到"为国家预储人才，以备将来驱策"。看来，10 年制格致书院培养出来的学生应该具有今天工科专科甚至大学本科的水准。

徐寿曾在《申报》上发过招生启事，说格致书院招两种人：一种是来学外语的；另一种是学科学的，先交学费，3 年能考够学分的可退还学费，半途而废的不退学费只走人。徐寿认为："格致之理纤且微，非藉制器不克显其用。"所以，格致书院的学习是理论联系实际，有实验、有实践的。

查格致书院的课程分类统计，有格致——天文、历算、气象、物理、化学、医学、测量、地学；富强治术——工业、轮船铁路、商贸利权、邮政、农产水利、社会福利；军事防务——边防、海军。

在格致书院开办的同年，徐寿等创办发行了我国第一种科学期刊《格致汇编》。刊物始为月刊，后改为季刊，实际出版了 7 年，介绍了不少西方科学技术知识，对近代科学技术的传播起了重要作用。

徐寿还是在《自然》（*Nature*）发表论文的第一位中国学者。《自然》创刊于 1869 年，仅十几年后，1881 年 3 月 10 日，杂志就发表了徐寿关于乐器声学问题的论文，文章由傅兰雅于 1880 年 6 月翻译。

徐寿及其在《自然》上发表的论文

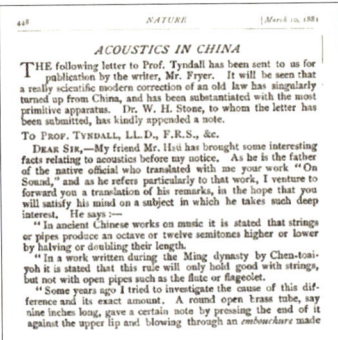

第二章

中国古代科学探索与实践

一、农学

　　中国古代农学以"精耕细作"为核心，形成了系统的农业理论和科技体系。北魏贾思勰《齐民要术》总结黄河流域农业生产经验，涵盖耕作、选种、施肥等技术，是世界上最早的综合性农书；元代王祯《农书》首创"农器图谱"，记录 200 余种农具；明代徐光启《农政全书》介绍西方水利知识，提出"唯风土论"这种保守思想会使农民坐失佳种美利。

　　汉代推行"代田法"与"区田法"提升土地利用率，发明耦犁与耧车（播种机）；唐代曲辕犁普及，奠定了传统犁具的基本形制；宋代推广梯田与占城稻，实现南方农业集约化。中国农业体现出的是"天人合一"的可持续发展生态文明智慧。

安得长洲田 清水稻百畦 ——水稻栽培

民以食为天。我国南方人每天的主食大米，出自水稻。作为五谷之首，稻米贯穿着我国农业时代的历史发展过程。时至今日，我国水稻产量占全世界总产量的30%左右。世界上有近一半的人口以大米为主食，仅在亚洲，就有约20亿人以此为主食。水稻早已经成为人们生活中不可缺少的一部分。

东汉时，南方的人口逐渐增加。东汉末年，连年战争使黄河流域的社会经济遭受到严重破坏。中原人民大量逃入长江流域，增加了南方的人力，同时带来了北方各地区水平较高的生产技术，这对于长江中下游经济文化的发展是一个很有利的条件。

但是南方的自然环境及其相应的作物栽培方法和北方有许多区别。水稻对生长条件和栽培技术的要求较高。首先，水稻需要田面有适量的水，即使南方雨量比较多，但也需要讲求水利，以便灌溉。由于南方多丘陵地，斜坡不能蓄水；又有不少低洼地，容易被水淹没，这就给南方的土地利用带来了一定的困难。因此，尽管春秋战国时期至秦汉时期，黄河流域的经济文化如此发达，但南方由于地广人稀，经济文化的发展仍比不上中原地区。然而，随着时间的推移及长期人工和自然的选择，水稻的品种和种植技术愈发地先进成熟，南方成为主要种植区域。水稻还在我国广为栽种后一路向西进入印度，中世纪引入欧洲。

水稻种植基本都包括下列步骤：整地、育苗、插秧、除草除虫、施肥、灌排水、收割、干燥、筛选进仓。以上烦琐且重要的环节，催生了许多当时先进的生产方法及制作工艺。西汉氾胜之《氾胜之书》、北魏贾思勰《齐民要术》、宋代陈旉《陈旉农书》、元代王祯《王祯农书》、明代徐光启《农政全书》并称为"中国五大农书"，这些书里对水稻种植都有记载。

《氾胜之书》提出用进水口和出水口相直或相错的方法调节灌溉水的温度。《齐民要术》中首次提到稻田排水干田对于防止倒伏、促进发根和养分吸收的作用，为"烤田"之术开端。《陈旉农书》中对于早稻田、晚稻田、山区低湿寒冷田和平原稻田等已提出整地的具体标准和操作方法。《王祯农书》称"稻有粳秫，稻借水性、渍种、催芽、芟薅、插秧"云云。《农政全书》对稻作技术更是做了全面系统的总结。

半个世纪以前，1973 年，袁隆平成功研究出世界上首例杂交水稻，因此被称为"杂交水稻之父"。2023 年 10 月 25 日，中国邮政发行《世界上第一株杂交水稻培育成功五十周年》纪念邮票。表达了对袁隆平院士的敬意，展现了科技与艺术、传统与当代的碰撞与融合。11 月 1 日，中国

《农政全书》手稿

"米田"印（马国馨院士刻）

《齐民要术》书影

《耕织图》(清·陈枚)

邮政又发行《科技创新(四)》纪念邮票一套5枚,其中有1枚是"多年生稻"。多年生稻是水稻育种的一个创新,只需栽种一次,就可实现连续收割,极大地减少了劳动力投入,并且保持产量相

对稳定，实现了水稻的轻简化生产。

　　中国古代诗人咏水稻诗歌甚火，如宋代有范纯仁"安得长洲田，清水稻百畦"、黄裳"黄云连天夏麦熟，水稻漠漠吹秋风"、范成大"新

85

筑场泥镜面平，家家打稻趁霜晴"等。实在是妙极了！

樽酒慰离颜 把酒话桑麻 ——酿酒

酿酒饮酒，古今中外，概莫能外。

曹操曰："对酒当歌，人生几何？"孟浩然诗："开轩面场圃，把酒话桑麻。"温庭筠诗："天涯孤棹还，樽酒慰离颜。"乔治·梅雷迪思说："酒是瓶装的阳光。"

酿造酒、醋、酱油等，其核心技术是发酵。发酵有利于保存和增强食物饮品的营养价值。利用发酵作用酿造的含酒精饮品在古代文化中具有重要的社会、宗教和医学意义。

目前最早的含酒精饮品的证据，出自距今约 8000 年的河南贾湖遗址。考古学家对该遗址出土陶器碎片上有机残留物进行了化学分析，结合植物考古等证据，发现这些器皿盛放过一种由大米、蜂蜜和山楂（或葡萄）等水果混合而成的含酒精的发酵饮品。这是目前世界上发现最早的与酒有关的实物资料。

贾湖遗址含酒精饮品的酿造技术也是中国传统"曲蘖"发酵技术的先驱。《尚书·说命》中记载："若作酒醴，尔惟曲蘖。""曲"是发霉的谷物，"蘖"是发芽的谷物。考古学家在距今约 3000 年的商周遗址中发现密封的青铜器中盛有液体酒。这些酒的化学分析结果表明，它们可能是利用曲糵发酵技术酿制的谷物酒。

中国是最早掌握酿酒技术的国家之一。中国传统酿造工艺最大的特色就是发明了酒曲，并用它酿造具有独特风味的中国酒。酒曲里含有使淀粉糖化的丝状菌（霉菌）及促成酒化的酵母菌。利用酒曲酿酒，使淀粉质原料的糖化和酒化两个步骤结合起来，这对酿酒技术是一个很大的推进。中国先人从简单地利用微生物到控制微生物，利用自然条件选优限劣而制造酒曲，经历了漫长的岁月。

秦汉时期，制曲技术的提高促使酿酒技艺进步。宋代制曲技术达到很高水平，酿酒专著《北山酒经》系统总结了许多制曲和酿酒技术。

我国酿酒的另一特色是"固态发酵"，固态发酵的形成除与酒曲的使用相关外，还有这样一个演进过程：商周时期，人们为提高酒液的酒度，曾经采用以酒代水复酿两次的方法生产"酎"，"酎"是战国时期统治者饮用的主要酒品。东汉末年，曹操向汉献帝进献"九酝酒法"，这种方法是将酿酒原料分 9 批依次加入醪液中进行发酵。由于在整个酿制过程中用曲量不多，主要起菌种作用。而加入水也有限，故可以认为这一酿造过程中的发酵接近浓醪发酵，其酿制出的酒，较当时其他酿造技艺所出的酒要醇酽许多。这一酿酒技术随后被推广，在《齐民要术》所介绍

人工踩曲

装甑

蒸酒

摘酒

（上）二锅头酿造——人工踩曲
（中）二锅头酿造——装甑
（下）二锅头酿造——蒸酒、摘酒

的 40 种酿酒方法中，分批投料的浓醪发酵几乎占据绝大多数，有的接近于固态发酵。

固态发酵与酒曲发酵技术相辅相成，共同作用有利于厌氧的霉菌和酵母菌在酿酒过程中发挥更大的作用。固态发酵可使更多的有益微生物参与发酵，特别是使用泥窖的酿酒工艺，由于窖中的老窖泥被反复使用，使酿酒微生物群体得到不断地驯化和富集，明显地改善了发酵酒粮的品质，使酒质得到提高。固态发酵便于开放式操作，从而使环境中的有益菌更多地参与其中，这就形成了众多具有地域特色的酒。历史上，中国的这种复式＋固态发酵的技术，遥遥领先于外国单边发酵分两步走的发酵技术。

东汉酿酒画像砖

溢味遍九区 芳香播天下 ——中国茶

作为茶的故乡，中国不仅最早把茶树培育成一种重要的栽培作物，也是世界上最先形成了饮茶习惯的国度。

茶圣陆羽《茶经》"一之源"曰："茶者，南方之嘉木也，一尺、二尺乃至数十尺。其巴山峡川，有两人合抱者，伐而掇之。其树如瓜芦，叶如栀子，花如白蔷薇，实如栟榈，蒂如丁香，根如胡桃。"意思是说，我国古代四川地区是种植茶树、生产茶叶的中心。巴蜀一带称茶水为"仙液"，优质茶叶已成为"贡品"。

在秦汉时期，茶叶的生产与种植得到了进一步推广。到了西汉时期，四川、云南等西南地区的茶树种植已具规模。西汉时期，王褒在《僮约》一文中记载了茶树的种植，茶叶的生产、加工、销售等过程，证明了我国在西汉时期已经具备成熟的人工种植茶树技术。

唐代是中国茶叶生产的兴盛期，饮茶文化广泛普及。元稹《一字至七字诗·茶》："茶，香叶，嫩芽。慕诗客，爱僧家。碾雕白玉，罗织红纱。铫煎黄蕊色，碗转曲尘花。夜后邀陪明月，晨前命对朝霞。洗尽古今人不倦，将至醉后岂堪夸。"

唐代茶叶产地遍布全国，形成了八大茶区，并出现了专营大茶园。陆羽所著的《茶经》成为茶科技的里程碑，

云南普洱茶山

对茶树性状、生态条件、品种资源、繁殖方法、采摘标准等技术要求均有较明确的记录。茶叶产地达 8 道 43 州 44 县，显示了唐代茶叶生产的繁荣景象。茶道文化兴起并由日本遣唐使东传日本。

宋代茶书如宋子安的《东溪试茶录》，对福建茶树品种资源提出了科学的分类方法与标准；汝砺的《北苑别录》提到的除草、松土、施肥等茶园管理技术，以及利用桐木与茶套种的方法，都体现了宋代茶农对茶树生长环境的精细

"仙液"印（马国馨院士刻）

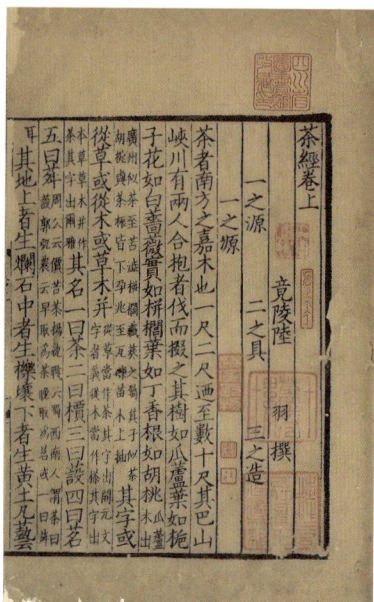

《茶经》书影

　　管理。宋代人认识到茶树对外界环境的要求，提出了茶树在不同环境下的生长条件和管理方法。在茶叶采摘和制作方面，宋人提出了更加科学的采摘时间和方法，如在清晨采摘，用指尖或指甲速断等，以减少对鲜叶的损坏。同时，宋代还出现了"浸茶"环节，以保持鲜叶的水分和清洁度。这些技术创新不仅提高了茶叶的产量和质量，也推动了茶文化的进一步发展。

明代茶区继续扩大，郑和将茶籽带到台湾，开辟了我国台湾茶区。郑和下西洋，加强了与东南亚、阿拉伯半岛和非洲东岸的经济联系与贸易，使茶叶大量输出。西欧各国的商人从这些地区转运中国茶叶，并在本国上层社会推广饮茶。清代茶区更加扩大，茶叶出口激增，茶树栽培发展迅速。这一时期，茶园管理达到了较为精细的程度，最早提出了"上有荫，下有蔽"的多层立体种植模式。同时，茶叶的无性繁殖技术也开始出现，为茶树的繁殖和栽培提供了新的途径。

明清时期的茶书如《茶疏》《茶解》等，对前朝的茶学成果进行了系统的总结和整理，为后世茶业的发展提供了宝贵的经验。

中华民国时期，外国采用我国先进的栽培技术，利用机械大量生产红碎茶，导致世界茶价下降，我国种植茶业受到很大影响。但这一时期也是我国引进国外先进设备和制造技术、设置茶叶专门科研机构的重要时期，为中国茶业的近代化发展奠定了基础。

随着茶文化的再次兴起和茶叶消费市场的不断扩大，茶树种植面积持续增长，茶叶品质不断提高。现代科技的应用也为茶树栽培带来了新的机遇和挑战。

如今，通过基因工程等技术手段，可以培育出适应不同环境、产量更高、更加优质的茶树品种。

惯看温室树 饱识浴堂花 ——温室

生活在温带地区的人们，很难有机会见到千奇百怪的热带植物，如巨魔芋、猴面兰……好在有温室栽培技术，当你走进植物园的大玻璃房的时候，有没有想过，它们经历过怎样的发展历程？

温室栽培是指园艺作物的一种栽培方法，即用保暖、加温、透光等设备以及相关的技术措施，人为地创造出适宜植物生长的小气候环境，以帮助喜温植物御寒、过冬，或促使植物生长和提前开花、结果。温室栽培的出现打破了植物生长的地域和时空界限。

我国是世界上温室栽培历史最悠久的国家，在温室增温技术方面有诸多创造。

据史料记载，秦始皇曾命人于冬季在"骊山陵（位于今陕西临潼）谷中温处"种瓜，据此推测，中国最早的温室可能出现于秦代。然而，有关温室最早的确切记载出现在汉代。汉元帝刘奭（公元前 74 年—公元前 33 年）于"太官园种冬生葱韭菜茹"，采用了在屋内昼夜燃火来提高室温的办法，使蔬菜得以在隆冬正常生长。当时各地向朝廷进贡的新味有很多是通过"郁养强熟"的方式培育的，富人享用的东西也有"冬葵温韭"，这说明汉代利用温室栽培蔬菜的现象已较为普遍。

温室还被用于花果栽培，其中最著名的当属堂花术。唐代诗人白居易就有"惯看温室树，饱识浴堂花"的诗句。"堂"即用纸封住的密室。堂花术是指在室里开沟，把花盆放于沟上用绳与竹搭成的架子上，在沟中倒入热水，并施以牛溲、硫黄等热性肥料，以增加室内温度，通过这种办法来促使堂中的花卉提前开放。这种花卉栽培技术在唐代出现之

塔克拉玛干沙漠边缘的阿克苏市阿依库勒镇蔬菜基地温室大棚

后，一直沿用至今，北京中山公园的唐花坞采用的就是此技术。

古罗马约在中国汉代之时也出现了温室，是一种用云母片搭成的暖房，虽比中国利用纸等材料的透光性强，但没有类似的内部加热措施，其技术未能流传下去。日本在1830—1840年才出现温室，日本的温室称为"纸屋"，很可能受到中国堂花术的影响。

在温室的发展过程中，玻璃的大规模应用至关重要。1599年，法国植物学家朱尔斯·查尔斯设计制造了第一座实用玻璃温室，当时用来种植药用植物。17世纪，温室发展以英国和荷兰尤为兴盛。英格兰国王威廉三世曾在英国征收窗户税，大大限制了温室中玻璃的应用，直到1851年该税废除之后，伴随着玻璃生产技术的进步，温室建设才进入真正的黄金时期，很多大型的温室就是从那时留下来的。美国在1880年开始出现温室栽培。

现代化温室大棚配备了各种设施来调节温度和湿度，多年实践探索出的温室建造方式和新的薄膜覆盖材料也提高了温室的保温能力，让保温不再是问题。现代温室还可以通过帘幕系统对温室进行遮盖，或者循环水的湿帘等来给温室降温，真正做到冬暖夏凉。

20 世纪 60 年代，美国开发出了穴盘育苗技术，后来人们又在温室中加入机械化的生产设备，如自动化控制系统、行走式喷灌系统等，实现了对温室环境条件的精确调控，其生产自动化程度堪比工业品加工，这样的设施被人们形象地称为"植物工厂"。植物工厂的育苗效率相比传统手段提高了 7~10 倍，节能达 2/3 以上。

21 世纪初，英国人建设了大型温室——伊甸园工程，那里汇集了诸多种类的植物。它位于英国康沃尔地区，两个大型温室分别为热带植物区和地中海植物区，还有一个露天植物区。

我国当代温室大棚经历了 3 个发展阶段。第一阶段：20 世纪 60 年代逐渐出现大棚农业，且都是结构简单、功能单一的塑料大棚。第二阶段：20 世纪 70 年代，温室大棚在我国受到高度重视。第三阶段：20 世纪 90 年代，通过科研人员的不懈努力，结合对国外的一些先进温室控制设备的关键技术研究，我国温室现代化建设的研究工作取得了一系列成果。

如今，为进一步提高温室大棚的技术性和合理性，智慧控制技术全面应用于温室大棚之中，其中环境监测与自动控制是温室大棚的重要技术体系，技术应用的合理性和全面性不断得到加强。

二、医药学

中医以阴阳五行、脏腑经络学说为基础，形成了独特的诊疗体系。《黄帝内经》确立的整体观和发展变化观具有辩证法观点的学术思想；东汉张仲景《伤寒杂病论》创立六经辨证，奠定了临床医学基础；《神农本草经》系统分类了 365 种药物，提出"君臣佐使"配伍理论；华佗创制麻沸散并实施外科手术；晋代葛洪《肘后备急方》记载了青蒿治疟；唐代《新修本草》为世界首部官修药典；宋代铸造针灸铜人规范了穴位教学；明代李时珍的《本草纲目》收录了 1892 种药物，首创"析族区类"自然分类法，被达尔文称为"古代中国百科全书"。

药圃无凡草 草香千品药 ——本草学

汉代成书的《黄帝内经》《神农本草经》标志着中国传统医药学体系的形成。"本草经"即本草学，是中国古代的药物学，是研究中药理论和各种药物名称、产地、采集、炮制、性能、功效和应用等知识的一门传统学科。

传说古代圣人神农尝百草，实践出真知，亲力亲为进行比较分析、归纳总结，撰写了《神农本草经》。《神农本草经》是我国现存最早的药学专著，全书分 3 卷，记载药

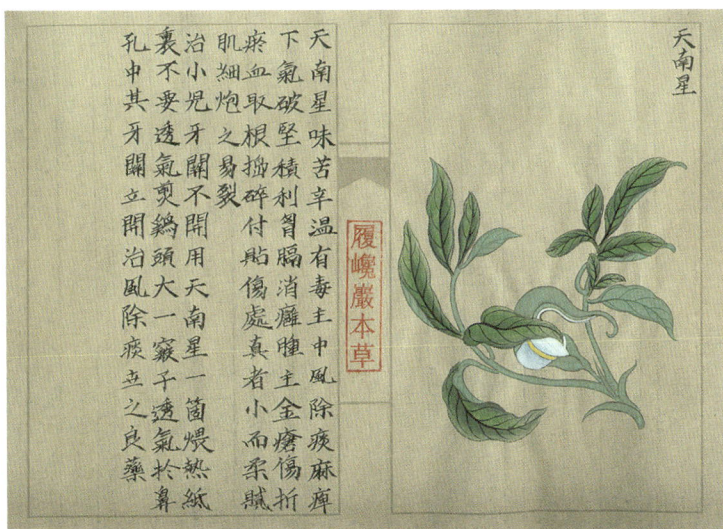

天南星

孔中其牙關立開治風除痰立之良藥
裏中不要透氣竅頭大一竅干透氣抄鼻
治小兒牙關不開用天南星一箇煨熱抄紙
肌瘰細炮之易裂
下氣破堅橫利膈消癰腫主全瘡傷折
天南星味苦辛溫有毒主中風除痰麻痺
血取根搗碎付貼傷處真者小而柔膩

履巉巖本草

王介《履巉岩本草》（或成书于南宋，现存为明代彩绘抄本）

物 365 种，其中植物药 252 种，动物药 67 种，矿物药 46 种，分上、中、下三品，记述药物的名称、性味、主治、产地、别名等。书中提出的君臣佐使、四气五味、七情合和、阴阳配合等药学理论，奠定了中医药物学的基础理论。该书文字简练古朴，成为中药理论精髓。其成书年代自古就有不同考证，或谓成于秦汉时期，或谓成于更早的战国时期。原书早佚，现行本为后世从历代本草书中辑集而成。该书最早著录于《隋书·经籍志》，载"神农本草，四卷，雷公集注"；《旧唐书·经籍志》《唐书·艺文志》均录"神农本草，三卷"；宋《通志·艺文略》录"神农本草，八卷，陶隐居集注"；明《国史经籍志》录"神农本草经，三卷"；《清史稿·艺文志》录"神农本草经，三卷"。历代有多种传本和注本，现存明清的辑本有卢复重辑的《神农本草经》，流传较广的是清代孙星衍、孙冯翼同辑的《神农本草经》，以及清代顾观光重辑的《神农本草经》。

《神农本草经》至清流传演变千余年，而

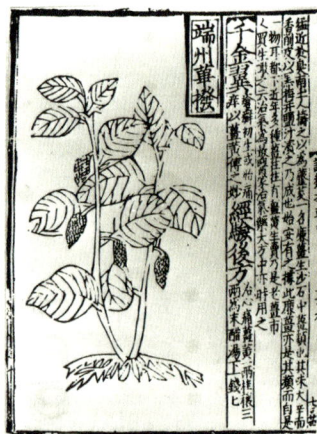

《经史证类备急本草》书影（宋）

另有新意者，如唐代宗显庆四年苏敬等奉敕在普查全国药材基础上撰成的《新修本草》，也称《唐本草》，共54卷，记载药物850种。本书还增加了药物图谱，并附以文字说明，开创了图文对照法编撰药学著作的先例，是我国历史上第一部官修药典性本草著作，也是世界上第一部国家药典。

北宋元丰五年，唐慎微以掌禹锡的《嘉祐本草》和苏颂的《图经本草》为基础，撰《经史证类备急本草》。全书共30卷，记载药物1746种，附方3000余首。该书图文对照，方药并收，医药结合，资料翔实，集宋以前本草之大成，使大量古代文献得以保存，具有极高的学术价值和文献价值。

明万历六年，李时珍所撰《本草纲目》成为中国本草学发展史上的巅峰之作，被称为"东方药物巨典"和"最伟大的本草学著作"，全书分16部，共60类，收录药物1892种，药方11096个，药图1160幅，在药物分类、释名集解、药性气味、主治发明及随症用药等方面取得了突出的成就，先后传播到朝鲜、日本和欧洲等地，更是被达尔文誉为"中国百科全书"。达尔文引用了其中关于生物遗传变异的资料撰写了《物种起源》，《本草纲目》对生物进化论的创立做出了特殊的贡献。

近现代以来，中国出现了大量新的本草学著作，如

1931 年赵燏黄编著的《中国新本草图志》，1939 年裴鉴编著的《中国药用植物志》，1996 年中国文化研究会编辑出版的《中国本草全书》等。1999 年，国家中医药管理局主持编纂《中华本草》，共 34 卷，收载药物 8980 种。

中国历代都有咏本草的诗句，如五言有"药圃无凡草"（唐代朱庆馀），"药收阳地草"（宋代翁卷），"草香千品药"（明代杨基），七言有"药出山来为小草"（宋代陆游），"寸草曾收药笼功"（宋代陈允平）等，不一而足，生动有趣地将本草中药广为普及于世，功莫大焉。

析族区类 振纲分目 ——《本草纲目》

《本草纲目》是明代著名医药学家李时珍的代表作。

1518 年，李时珍出生于湖北蕲州一个医药世家，其祖父是一位背着药箱、摇着串铃的铃医，父亲李言闻饱读经书、医术高明，而且十分注重实践，有着丰富的临床经验，是蕲州一带很有名气的医生。

李时珍从小就喜爱医药，承继家学，立志悬壶济世。经过刻苦学习和实践，年纪轻轻就成为当地名医。后被聘为楚王府奉祠正、皇家太医院判。在此期间，李时珍阅读王府和太医院中大量的医书，医学水平大增。

李时珍本着"读万卷书，行万里路"的宗旨，中年时

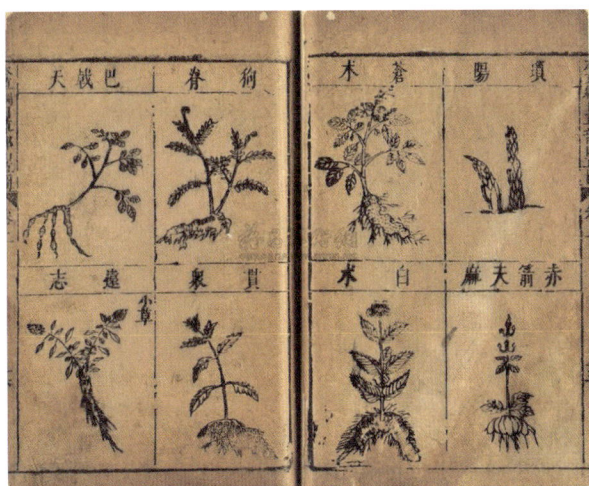

《本草纲目》书影

先后到武当山、庐山、茅山、牛首山等地收集
药物标本和处方，并拜渔人、樵夫、农民、车
夫、药工、捕蛇者等为师，记录了上百万字札
记，历经近 30 个寒暑，三易其稿，于 1578 年
完成了医药学巨著《本草纲目》。后得文学家、
南京刑部尚书王世贞作序，1590 年在南京正式
刊行，即金陵版。1593 年，李时珍辞世，享年
76 岁。《本草纲目》是集中国 16 世纪前中药学
之大成的医学典籍。他先后参考了历代诸家本
草 41 种、古今医家著作 270 余种、经史百家

440 种等近 800 部典籍。

需要特别指出的是，李时珍在《本草纲目》中提出了一套完整的"析族区类，振纲分目，物以类从，目随纲举"植物分类体系。他将书中所有药物分为 16 部，每部又分为若干类，共 60 类，每一类又包括多种药物，其中自然属性接近的列在一起，由此建立了部、类、种三级分类体系。

此外，《本草纲目》打破前代对各类动物不加区别地罗列组合的方法，科学地将动物分为虫、鳞、介、禽、兽等部，又在每部下分若干类。如禽部分水、原、林、山禽等类，与现代禽类学几乎没有差别。

值得一提的是，《本草纲目》还收载了各种矿物，不仅考察其药用价值，还有关于其产地、开采、探测，甚至冶炼的记载，对现代矿物学、地质学具有重要的参考价值。

《本草纲目》曾流传到世界各地，被译成法、德、英、俄、日等十余种文字在国外出版，对世界药物学和生物学的发展产生了积极影响。李时珍建立的独特分类体系，也被认为是瑞典生物学家林奈之前最好的分类系统。

望闻问切 辨证施治 —— 方剂学

方剂，古称汤液。"方剂"之名，始见于《梁书》。方剂学，是在中医理论的指导下，专门研究治法与方剂配伍规律、临床运用的一门学科，是中医药学各类专业必修的基础课程。方剂学的内容，包括方剂的基本理论与沿革、方剂的分类与治法、方剂的组成与变化、方剂的剂型与用法等。方剂学在辨证审因、确定治法的基础上，按照组方原则，选择恰当的药物合理配伍，酌定合适的剂量、剂型和用法。

先秦至两汉时期，方剂学形成并得到初步发展。战国时期的《内经》虽仅载 13 方，但对中医治疗原则、方剂的组成结构、药物的配伍规律以及服药宜忌等方面都有较详细的论述，奠定了方剂学的理论基础。

中国最早的方剂学著作是《汉书·艺文志》所载的"经方"类医书，惜已亡佚。《黄帝内经》将方剂分成大方、小方、急方、缓方、奇方、偶方、复方"七方"，剂型有汤、丸、散、膏、酒、丹等，奠定了方剂学的理论基础。

西汉马王堆汉墓出土帛书《五十二病方》，是迄今发现最早的一部医学方书。《五十二病方》现存 1 万余字，全书分 52 题（实质上包括 100 多种疾病），每题都是治疗一类疾病的方法，少则 1 方、2 方，多则 20 余方。现存医方总数 283 个，原数应在 300 个左右，有少部分已经残缺了。该书中提到的病，现存的有 103 种，所治包括内、外、妇、儿、五官各科疾病，所载外科病较多。《五十二病方》

对药物学、方剂学亦有一定贡献，书中收载药物 247 种，其中半数在《神农本草经》里没有记载。在处方用药方面，该书已初步运用辨证论治原则。

《五十二病方》所载治法多种多样，除了内服汤药之外，外治法也极为突出。有敷贴法、药浴法、烟熏法、熨法、砭法、灸法、按摩法、角法（火罐疗法）等。治疗手段多样化，也是医药水平提高的标志之一。

东汉末年，张仲景撰写《伤寒杂病论》，创立"六经辨证"施治原则，奠定了中医学理、法、方、药的理论基础，被后世誉为"众方之祖"。而名医华佗则有 75 个秘方传世。

魏晋南北朝至隋唐时期，方剂学取得重要的发展。晋葛洪撰《肘后备急方》载方 101 个，收录了大量救治急病的简、廉、便、验方剂。

隋代的《四海类聚方》多达 2600 卷。唐代孙思邈著《千金要方》，载方 5300 个。王焘的《外台秘要》载方 6000 多个。宋代由政府组织编写的《太平圣惠方》，载方 16834 个，《圣济总录》载方 2 万余个。

金元时期，有刘、张、朱、李"四大家"。刘河间善用寒凉，著有《宣明论方》《伤寒直格方》等；张子和主张攻下，著有《儒门事亲》；朱丹溪长于滋阴，著有《格致余论》《丹溪心法》等；李东垣专于补益脾胃，著有《脾胃论》《兰室秘藏》等，都对方剂的运用有所创建和发挥。

清代，方论专著大量涌现。为了便于阅读和记忆，还出现了大量方歌手册，如汪昂的《汤头歌诀》，刊于1694年。书中选录中医常用方剂300余方，分为补益、发表、攻里、涌吐等20类。该书以七言歌诀的形式加以归纳和概括，并于每方附有简要注释，便于初学习诵，是一部流传较广的方剂学著作，刊印后相应地出现了多版后人续补、增注或改编作品。1961年，人民卫生出版社出版的《汤头歌诀白话解》，就是《汤头歌诀》较为详明的一种注释本。

行气血 营阴阳 ——经络

中医学的理论基础，包括阴阳学说、五行学说、经络学说等。阴阳学说认为，万物都存在着阴、阳两个不可分割的方面。阴阳相互依存、相互制约，维持着人体环境的平衡。五行学说将宇宙的变化与人体生理联系起来，用木、火、土、金、水这五种元素象征。经络学说认为，人体内有经络系统，气血通过经络在体内传导。气血津液学说则强调人体内的气血和津液平衡对于维持健康的重要性。

中医学将健康视为人体内外环境的协调状态，而疾病则是这种协调被打破所致。中医学注重人体整体平衡的维持和调节，以治疗疾病。中医主要通过中药、推拿、拔罐、食疗、针灸、按摩等方法治疗疾病，具有治病求本、辩证论治的特点。西医主要应用西药、手术、激光、化疗放疗等方法治疗疾病，具有对症下药的特点，对于急性感染等有较好的疗效。中医和西医有各自的优缺点。

1973 年，湖南长沙马王堆汉墓出土了一批帛书，记述了 11 条经脉的循行路径，以及相关病变的诊断及治疗方面的内容。医学史学家发现，它们的内容反映了后世中医经脉学说的基本面貌。

后世的医家们发展了早期的经脉学说，形成了更为复杂的经络理论。十二经脉是中医学理论中人体经络系统的合称。《灵枢·经水》称："内外相贯，如环无端。"即十二经脉衔接如环，表明气血流注于十二经时是循环往复、逐经而流的。十二经脉的功能与作用

"中医"印
（马国馨院士刻）

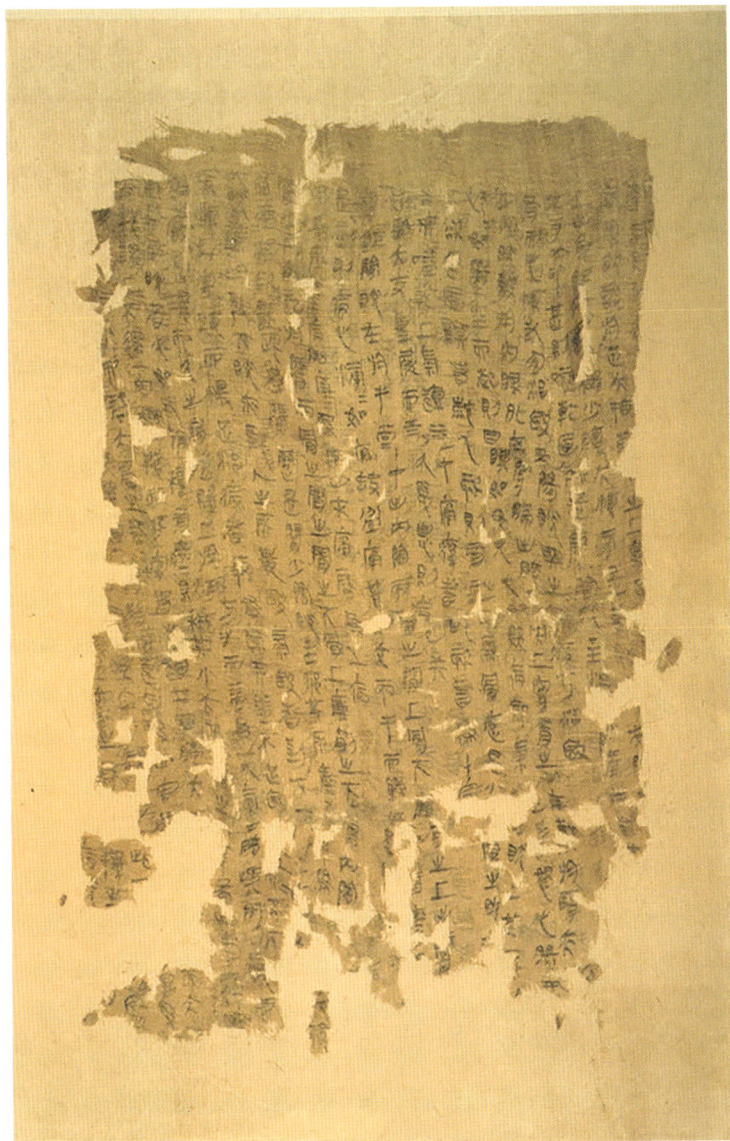

马王堆汉墓出土《脉经》

除了沟通内外、贯穿上下、联系左右前后、使人体各部协调而成整体之外，并能运行气血、协调阴阳、荣润周身、适应四时、抗病御邪、反映病证。

一些现代医学研究能够从不同角度部分地解释经络现象。利用现代科学技术手段从不同角度探索经络特性与实质。自 20 世纪 50 年代以来，中国研究者一直从事经络的形态学研究、经络的生理学研究、经络的生物学研究、经络的胚胎发生学研究、经络的生物物理学研究、经络的循经感传研究等，获得了大量实验数据和资料。通过以上研究派生出很多关于经络实质的假说，如周围神经相关说、经络－皮层－内脏相关论、神经体液相关说、经络实质二重反射假说、细胞间信息传递说、蛋白液晶有序假说、经络生物全息论、场论说等，虽然尚无公认的定论，但经络学说作为中医学科中重要的基础理论至今仍发挥着不可替代的作用。

奇哉痘可种　先天资后天 ——人痘接种术

天花是由天花病毒引起的一种伴有脓疱疹的烈性感染病。感染天花病毒的患者在痊愈后脸上会留有麻子，"天花"由此得名。

天花患者是唯一传染源，天花病毒主要经呼吸道黏膜

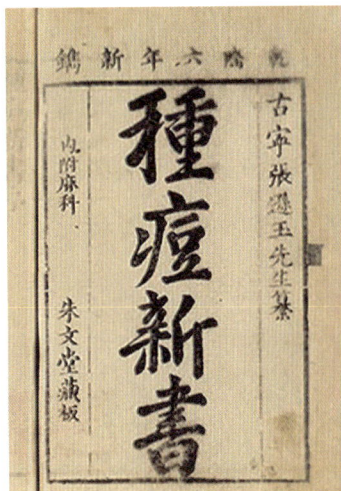

《种痘新书》（清·张琰）

侵入人体，潜伏期一般为 7~17 天，平均约为 12 天。感染天花病毒后的初期症状有高烧、疲累、头疼及背痛等。感染病毒的 2~3 天后，患者脸部、手臂和腿部会出现典型的天花红疹。病灶在几天之后开始化脓，直到第 2 个星期开始结痂，接下来，将慢慢发展成疥癣，然后剥落。

天花在世界范围内肆虐，造成极高的死亡率。中国的天花纪录首次见于《肘后备急方》里，这部临床急救手册于公元 4 世纪由医学家葛洪写成。

关于人痘接种术发明的具体时间，在历史文献中有唐代、宋代、明代等几种说法，学术界还存在争议。但比较确定的是，该方法的运用不晚于16世纪。首创于中国的人痘接种术，是将天花患者的痘痂制浆，接种于健康儿童，使之产生免疫力，以预防天花病毒的方法。故清朝刘大观《种痘行》诗云"奇哉痘可种，先天资后天"。

历史上记载的人痘接种方法大致有4种，即痘衣法、痘浆法、旱苗法和水苗法，这些方法历经了中国古代医师的挑选和取舍。

痘衣法，是给被接种者穿上天花患者的内衣，该法比较原始，有危险性，后来较少被采用。

痘浆法，是用棉花浸染天花患者痘浆，塞进被接种者的鼻孔，因其危险性较大，且对患者有损，后来杜绝。

旱苗法，是把天花患者脱落的痘痂，研磨成粉末，通过细管吹入被接种者的鼻孔，粉末量不易控制，难于掌握。

水苗法，是将痘痂研细调水，沾染在棉花上，再塞入被接种者鼻孔，12小时后取出，此法相对安全可靠，使用最多。

人痘接种术发明之初，一直在民间秘传，直到清朝康熙年间，获得官方推广最终流行起来。康熙皇帝的父亲顺治皇帝——清世祖爱新觉罗·福临，是清朝定都北京的第一位皇帝。1660 年，年轻的顺治帝感染了天花病毒，在弥留之际，顺治帝向德国传教士汤若望询问了皇位继承者的一些问题，汤若望更倾向于第三位太子爱新觉罗·玄烨。因为玄烨得过天花，天花病毒对他不会再造成威胁，这对于一个急需稳定的王朝来说，是相当有利的。这样的选择，最终成就了这位名垂青史的帝王。

1682 年，康熙皇帝下令各地接种人痘。康熙的《庭训格言》写道："训曰：国初人多畏出痘，至朕得种痘方，诸子女及尔等子女，皆以种痘得无恙。今边外四十九旗及喀尔喀诸藩，俱命种痘；凡所种皆得善愈。尝记初种时，年老人尚以为怪，朕坚意为之，遂全此千万人之生者，岂偶然耶？"可见当时人痘接种术已在全国范围内推行。

人痘接种术的发明，引起了外国人的注意。俞正燮《癸巳存稿》记载，"康熙时，俄罗斯遣人至中国学痘医"。这是最早派留学生来向中国学习人痘接种技术的国家。人痘接种术后经俄国又传至土耳其和北欧。公元 1717 年，英国驻土耳其公使蒙塔古夫人在君士坦丁堡学到种痘法，3 年后又为 6 岁的女儿在英国接种人痘。随后，欧洲各国和印度也试行人痘接种技术。18 世纪初，突尼斯也推行此法。公元 1744 年，杭州人李仁山去日本九州长崎，把人痘接种术传授给折隆元，乾隆十七年（1752 年），《医宗

《接种疫苗》（油画，1899 年）

金鉴》传到日本，人痘接种术在日本广为流传。其后，此法又传到朝鲜。18 世纪中叶，我国所发明的人痘接种术已传遍欧亚各国。公元 1796 年，英国人贞纳受中国人痘接种术的启示，试种牛痘成功，这才逐渐取代了人痘接种术。

采用接种的方法来预防天花由来已久，我国发明人痘接种技术，是对人工特异性免疫法的一项重大贡献。

1980 年 5 月，第 23 届世界卫生大会正式宣布天花被完全消灭，只有美国和俄罗斯的实验室还保存着天花病毒样本。全世界至今再未出现天花病例，天花的消灭是人类医学科学光辉成就的典范。

三、天文学和历法

古代天文学以历法编制和星象观测为核心，服务农业与政治。商代干支纪日法沿用至今；《淮南子》中有完整的二十四节气的记载；元代郭守敬《授时历》测算回归年长度为 365.24 日（与公历格里高利历精度相同），领先世界约 300 年。

东汉张衡创制浑天仪（演示天体运行）与候风地动仪（测地震方位）；唐代僧一行测出了地球子午线一度弧的长度；元代郭守敬创制简仪（简化浑仪结构）。

商代甲骨文记载日月食、新星爆发；在《汉书·五行志》中发现了目前世界上最早的对太阳黑子的记录（公元前 28 年）；宋代至和元年（1054 年）超新星观测（今蟹状星云）为后世所印证。

东有启明　西有长庚 ——天象记录

古人仰望天空，"日出而作，日落而息"，形成了白天黑夜为一日的时间观念；"月有阴晴圆缺"，从初月到圆月到下一个初月，形成了一月的时间观念；寒来暑往，历经春夏秋冬，形成了一年的时间观念。

中国古籍《尚书·尧典》中说，帝尧"乃命羲和，钦若昊天，历象日月星辰，敬授人时"。于是先人开始了对日、月、五星等天象的观察记录。连诗人也有天象入诗，如《诗经·小雅》有云："东有启明，西有长庚"，南宋洪咨夔《天象》记南斗北斗，还有荧惑即火星："白气一抹蚩尤旗，南斗北斗天两垂。西方荧惑耀芒角，初月吐魄来食之"。

中国人长期不断地辛勤致力于天象的观察和记录，取得了辉煌的成就，留下了关于太阳黑子、彗星、流星、新星等各种天象记录。这些天象纪事不仅内容翔实、年代延续，其中许多还是世界上最早的记录，至今对于现代天文学的研究仍起到重要的作用，是一份极为珍贵的科学文化遗产。

关于太阳黑子，中国有世界上最早的观测记录。在大约成书于公元前140年的《淮南子》一书中就有"日中有踆乌"的记述。现今世界公认的最早的对太阳黑子的记录，是载于《汉书·五行志》中的河平元年（公元前28年）三月出现的太阳黑子："河平元年……三月乙未，日出黄，有黑气大如钱，居日中央。"这一记录将黑子出现的时间与位置都叙述得详细清楚。

彗星是绕太阳运行的一种质量较小的天体。彗星包括彗发、彗核、彗尾3部分。中国对彗星的观测和研究已有

记述新星的甲骨片

4000多年历史，拥有世界上最早、最完整的彗星记录。我国古代称彗星为"星孛"，《春秋》上记录了鲁文公十四年（公元前613年）出现的彗星："秋七月，有星孛入于北斗。"这是关于哈雷彗星的最早记录。

日食是一种太阳被月球遮蔽的现象。《尚书·胤征第四》记载"乃季秋月朔，辰弗集于房""瞽奏鼓，啬夫驰，庶人走"，描述了夏代仲康元年日食发生的时候，人们惊慌失措的场面。《诗经·小雅》中还以诗歌的形式记载了日食的发生，即"十月之交，朔月辛卯。日有食之，亦孔之丑"。从我国春秋时期到清代同治

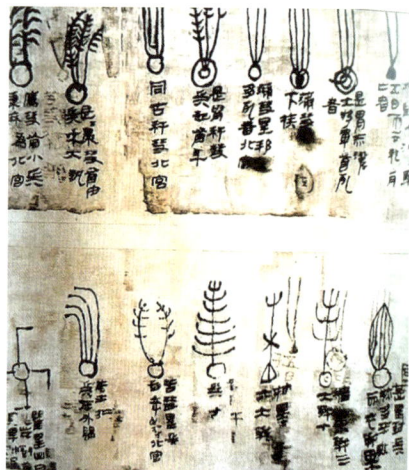

汉帛书彗星图

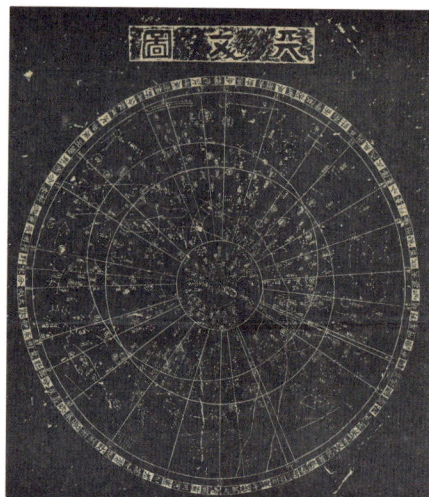

宋代苏州石刻天文图

十一年，有记载的日食共 985 次，其中年月不符、不可考的仅有 8 次，不及总数的 1%。

　　繁星密布的夜空中，常常能看到一道白光一闪即逝，这就是流星。中国人对流星群、流星的记载，也早于其他国家。古书《竹书纪年》中就有关于流星的记录："夏帝癸十五年，夜中星陨如雨。"《左传》的记载，鲁庄公七年"夏四月辛卯夜，恒星不见，夜中星陨如雨"，这是世界上最早的关于天琴座流星雨的记录。我国古代记录的流星雨达 180 次之多。

我国对新星和超新星的出现也早有记载。商代甲骨卜辞中就记载了大约公元前 14 世纪出现于天蝎座 α 星附近的一颗新星。《汉书·天文志》中记载有："元光元年五月，客星见于房。"这记录的是公元前 134 年出现的一颗新星，这颗新星是中外史书中均有记载的第一颗新星。与其他国家的记载相比，我国的记载不仅写明了时间，还写明了方位。

中国科学院院士席泽宗在古籍堆中辛勤耕耘，终于找到了 90 条中国历代新星、超新星爆发的记录，发现有一颗于北宋 1054 年在天关星附近爆发的超新星，就是现在的蟹状星云，在世界天文学界引起强烈反响。

李约瑟曾评价："中国人的天象记录表明，他们是在阿拉伯人以前，全世界最持久最精确的天象观测者。甚至在今天，那些要寻找过去天象信息的人，也不得不求助于中国的记录，因为在很长一段历史时期内，几乎只有中国的天象记录可供利用。或者如果中国的记录不是唯一的，那也是最多、最好的。"

仰看星月观云间 ——敦煌星图

年少时读《三字经》"三光者，日月星"，曹丕《燕歌行》"仰看星月观云间"，王勃《滕王阁序》"星分翼轸，地接衡庐"，欧阳修《秋声赋》"星月皎洁，明河在天"。还有若干成语：满天星斗、灿若繁星、星月交辉、月明星稀……描述星空、星图的诗句成语，使我对天文产生了浓厚的兴趣。

每个人生下来，仰望天，俯察地，观人物，分远近，接触世界，格物致知。天文学是世界上各地区各民族最先发展起来的科学学科。中国古代天文学有天象观测、天文仪器、历法制定和宇宙论四方面的伟大成就，而天象观测、日月星辰的位置和运动变化，则是天文学的基础。我国战国时期就有了《甘石星经》，后来失传。三国时期孙吴两晋太史令（天文官）陈卓在其著作《甘、石、巫咸三家星官》中整理了三垣二十八宿体系。敦煌文书中找到的唐代《星占书》残卷，记录了甘德、石申、巫咸发现的星座名称，并绘有星图，现统称敦煌星图。

敦煌星图 1900 年出土于敦煌藏经洞，它是已知最早的表示了几乎所有中国星座的星图，也是迄今发现的第一幅用不同颜色的点来区别星表所列星的星图。法国天文学家让 - 马克 · 博奈 - 比多形容敦煌星图："它是天文学历史上最让人叹为观止的文献资料，它描绘的一连串星图，完整展现了中国的星空中无数的星星和星宿。"而著名英国科学史家李约瑟则称其为"世界上现存最早的科学星图"。

《敦煌星图》（部分）

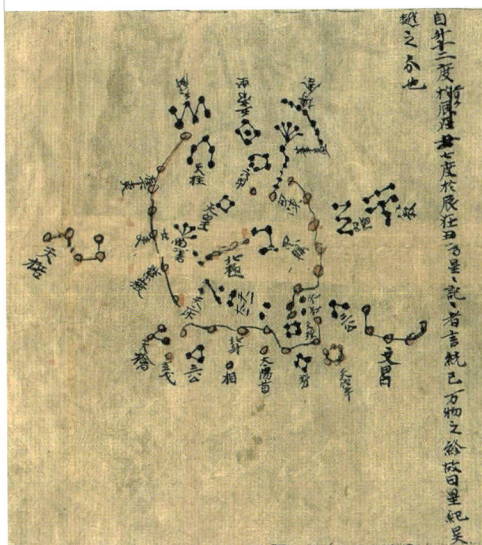

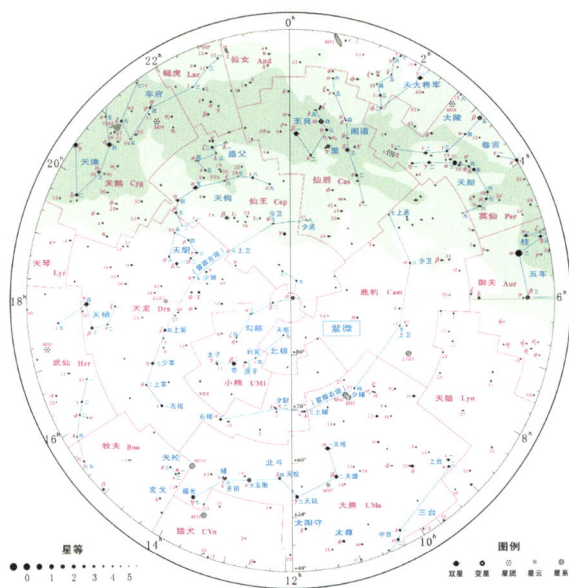

中外对照星图 a（共 6 幅，图中中国星名主要依据《仪象考成》星表）

　　敦煌星图现藏于大英博物馆，有人认为可能是唐太史令李淳风（602—670 年）所绘，但最迟不晚于唐中宗时期（710 年）。

　　敦煌经卷的画法从 12 月开始，按照每月太阳位置沿黄、赤道带分为 12 段，先把紫微垣

以南诸星用类似墨卡托投影的方法画出，再将紫微垣画在以北极为中心的圆形平面投影上。全图按圆圈、黑点和圆圈涂黄 3 种方式绘出约 1350 颗星。

星图对于天文学家，就像地图对于旅游者

有史以来最大的银河系星图，收录了大约 33 亿个恒星（此图为局部）

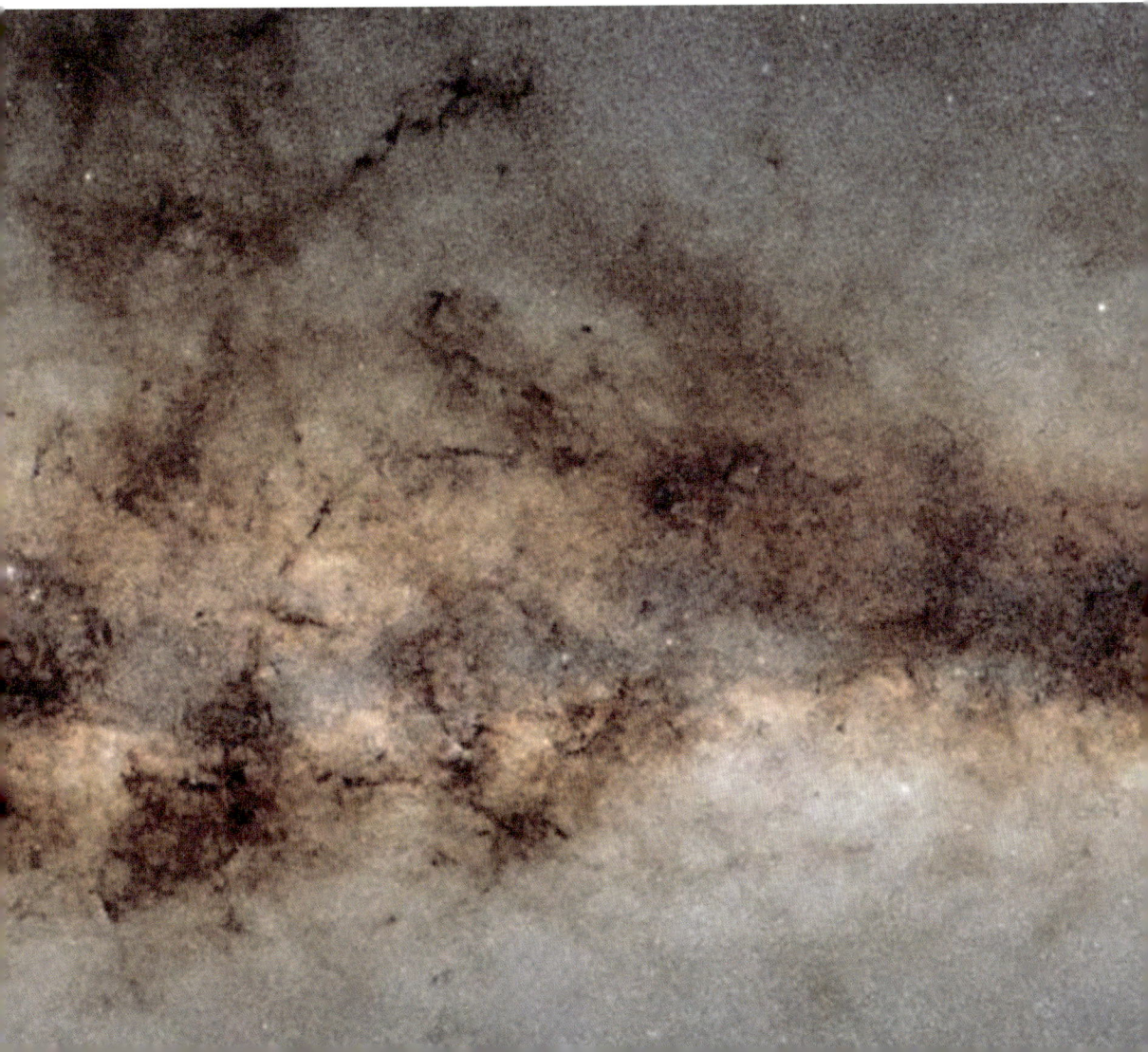

一样极为有用，天空也有自己的网格系统来标量天体的位置。地球旋转时，天空像在沿着相反的方向旋转。在两极，天体由于观察者所在的纬度不同而按相应不同的角度升起或落下。

天体四散分布，从地球上看去它们都包围着地球。人们把它们想象成分布在以观测者为球心、以适当长度为半径的球面上，这个球面叫作天球。天球上有网格，有南北极和赤道，它们都与地球上的各个部位相对应，如天球的北极对应地球的北极。天球包围着我们，而星图却是平的。这就意味着一些天体的位置会被扭曲。

为了最大限度地减少这种扭曲，天空被划分成一个个部分，有点像把橘子剥开后再压平一样。星图中大小不同的圆点表示我们看到的天体的亮度，这只是一个大致的表达。我们所看到的亮度并不表示天体距离我们是远是近，或是大是小。

使用星图时将一端对着自己的头顶，另一端对着南（北）地平线方向。星图会告诉你可以看到哪些天体。南北半球看到的情况是不一样的，同时因为靠近星图底部的天体都处于地平线附近，可能因种种原因会看不到。所以在选用星图时要清楚自己所在的纬度。

近年来，天文学家发布了一份包含33亿多颗恒星的银河系"巨无霸"星图，以前所未有的细节性展示了银河

系的雄伟景象。这份星图用时两年完成，对银河系 21400
次单独曝光产生了超过 10TB 的数据。

这幅银河系的"千里江山图"就像是一张同时摄入了
30 亿人，且每个人的形象都清晰可辨的巨大合影。天上的
星星真的是多得数也数不清！

云树绕堤沙 怒涛卷霜雪 ——潮汐表

宋代词人柳永有《望海潮·东南形胜》词曰："云树绕
堤沙，怒涛卷霜雪"。高耸入云的大树环绕着钱塘江沙堤，
澎湃的潮水卷起霜雪一样白的浪花，何其壮观！

苏轼有《瑞鹧鸪·观潮》词云："碧山影里小红旗。侬
是江南踏浪儿。拍手欲嘲山简醉，齐声争唱浪婆词。西兴
渡口帆初落，渔浦山头日未敧。侬欲送潮歌底曲？尊前还
唱使君诗。"写弄潮儿在万顷波中自由、活泼的形象，写
钱塘江退潮时弄潮儿唱起《使君诗》作为送潮曲。诗词语
言平实，亲切有味，用笔精练含蓄。

说起潮涌，人们大多会提及浙江的钱塘江潮。其实，
早在唐代中叶以前的数千年间，扬州、镇江一带的长江广
陵潮比后来的钱塘江潮更加波澜壮阔，只是在一千多年前
的唐代后期消失了。

我国古代对潮汐的了解和认识比欧洲早很多，"潮汐"

《月夜看潮图》（宋·李嵩）

两字连用最早出现于《管子》一书，"朝（潮）夕（汐）迎之，则遂行而上"，论述了航海和潮汐的关系，后来逐渐把白天海水涨落叫"潮"，夜间的海水涨落叫"汐"，合称潮汐。

我国历史上最早描写大潮的，可追溯到公元前2世纪西汉大文学家枚乘的《七发》："春秋朔望辄有大涛，声势骇壮，至江北，激赤岸，尤为迅猛……将以八月之望，与诸侯远方交游

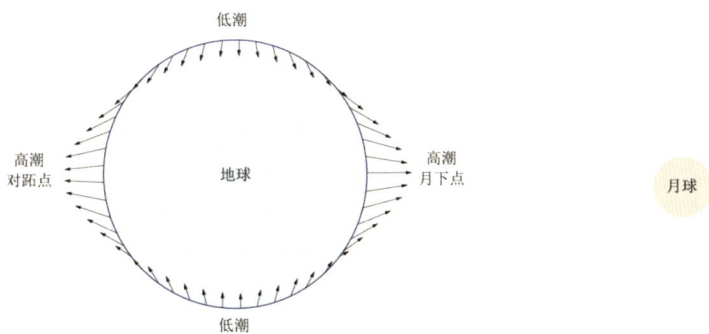

低潮

高潮
对跖点

地球

高潮
月下点

月球

低潮

月球引潮力示意图

兄弟，并往观涛乎广陵之曲江"，就连观潮的时间也与现在的"八月十八钱塘观潮节"大致相同，都是在中秋之际，月球引力导致潮水最高最大之时。

李约瑟最早觉察出了这段辞赋背后的科学信息，他认为，枚乘将观湖设定于月圆之日，表明了月亮与潮汐之间的因果关系，这早在公元前 2 世纪即被中国人知晓。

东汉学者王充在《论衡》中，更清晰地阐释了潮汐对月亮的依赖。

影响潮汐的不只是月亮，还有太阳。现代

科学概念中的潮汐，是指因月球和太阳对地球各处引力不同，引起的水位、地壳、大气的周期性升降现象，其中最具代表性的，是海水水面周期性涨落的海洋潮汐。

中国人对潮汐的兴趣不仅满足于文学和思想领域，为了准确掌握某个朔望月中每日的潮汐时刻，古人运用发达的天文历算法，以图表的形式直观展现潮汐规律。

潮汐表是潮汐预报表的简称，它预报沿海某些地点在未来一定时期的每天潮汐情况。

中国唐代窦叔蒙在《海涛志》一文中提出了根据月相推算高潮时刻的图表法，这是保存下来的介绍潮汐预报方法的最早文献，大约比英国的《伦敦桥潮候表》早400年。19世纪60年代末，英国开尔文和乔治·达尔文（著名生物学家达尔文之子）等人提出了潮汐调和分析方法，后来还设计和制造了机械的潮汐推算机，使潮汐表的编算工作得到迅速发展。自20世纪60年代以来，电脑计算已广泛应用于潮汐推算工作中。

潮汐表一般包括主港逐日预报表（通常有高潮和低潮的时间和潮高，有的地方还有每小时的潮高）、附港差比数、潮信和任意时刻的潮高计算等内容。

潮汐表实际应用在航运方面。有些水道和港湾须在高潮前后才能航行和进出港，所以需要知道潮汐时间。潮汐表就可以反映潮汐时间。在军事方面，有时为了选择有利的登陆地点和时间，就必须考虑和掌握潮汐的情况，潮汐表便可派上用场。在生产方面，沿海的渔业、水产养殖业、农业、盐业、资源开发、港口工程建设、测量、环境保护和潮汐发电等，都要掌握潮汐变化的规律。潮汐表就是为这些方面服务的。

道法自然 观象授时 ——阴阳合历

根据天象观测，把日、月、年放在一起以计量时间的方法叫作历法。世界上的历法主要有三种类型：阳历、阴历和阴阳历。

阳历是以地球绕太阳运行一周经春夏秋冬四季一回归年的时间为依据，一年约365天，分为12个月，大月31日、小月30日、平月28日。现在大多数国家用的是阳历，所以阳历又称为公历。

伊斯兰教国家崇尚月亮，以月圆月缺为依据制定历法，一月29或30日，一年12个月，354日。月亮又被称为太阴，阴历之称从此而来。

中国自古以来以农立国，为了农业生产和日常生活的方便，我们的天文历算家，历朝历代"观象授时"，想方设法兼顾日月运行的周期，取阴阳和谐。以太阳运行的回归年为年，而以月亮运行的朔望月为月，又以十九年七闰

"虚·实"印
（马国馨院士刻）

月协调年月之间的长度差形成了阴阳历，即农历。在阴阳历中，平年12个月354日，闰年13个月384日，平均一年365日。这种历法既考虑到了回归年长度，又考虑到了朔望月长度，还以独创的二十四节气指导农业生产，以数九、三伏对应人们生活中的严寒酷暑，还有天干地支六十甲子记年月日时、十二生肖属相等丰富多彩的科学和文化内容。农历最迟自西汉蜀人落下闳等著

北京古观象台展厅

《太初历》（公元前 104 年）起就开始使用，其后经历多次由粗到精的改革，沿用了两千多年至今勿替。

由于地球绕太阳公转的轨道不是正圆形，导致相邻两个节气的时间间隔并非完全相同。所以，以平均长度计算的节气被称为平气，而以太阳的真正黄经位置计算的节气被称为定气。作为每月第一天的朔日，也存在着平朔和定朔的区别，定朔依据太阳和月亮的实际运行等因素。根据这些数据，人们计算出具体节气日期和每个月的朔日，从而安排节气以及确定农历的月份和日期。在历史上，唐初的时候曾改平朔为定朔，但是节气依然使用平气。到了清代，官修历书开始严格依照定气和定朔来安排历日。

在中国传统文化中，阴阳是一对相互对立而又相互依存的概念，代表着宇宙万物的两个方面。阴阳合历将阴历和阳历结合起来，体现了中国古人对宇宙的深刻认识。此外，阴阳合历不仅在农业生产和社会运行等方面发挥着重要作用，还渗透到人们的日常生活和思维方式中。人们通过确定各种节日、庆典和祭祀活动的日期，使时间认知与自然变化融为一体，正是"人法地，地法天，天法道，道法自然"，自然而然，得大自在。

春雨惊春清谷天 ——二十四节气

《二十四节气歌》：

春雨惊春清谷天，

夏满芒夏暑相连。

秋处露秋寒霜降，

冬雪雪冬小大寒。

第一句有春季六个节气：立春、雨水、惊蛰、春分、清明、谷雨；第二句有夏季六个节气：立夏、小满、芒种、夏至、小暑、大暑；第

《大统历》（明）记载了二十四节气

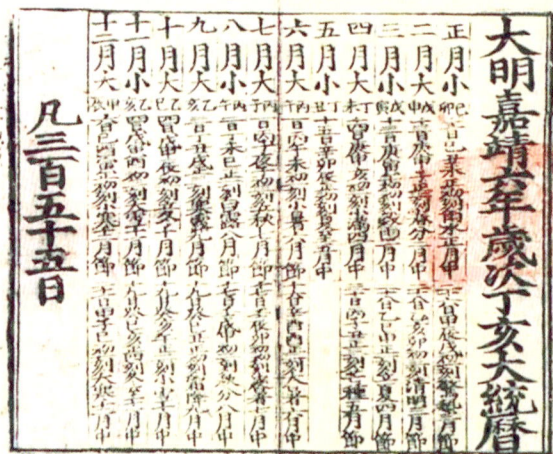

三句有秋季六个节气：立秋、处暑、白露、秋分、寒露、霜降；第四句有冬季六个节气：立冬、小雪、大雪、冬至、小寒、大寒。

二十四节气是我国古代先民通过观察太阳周年运动形成的时间知识体系。二十四节气反映季节变化，节气不仅指导农事的春种夏作秋收冬藏，也指导人们的生活，影响着千家万户的衣食住行。每个节气对应的是中国人丰富多彩的活动，例如，"立春"这天表示春天就要来到，我国南方民俗"击鼓喊春"，北方习俗吃春饼。

二十四节气最早可以追溯到夏商时期。甲骨文中有春、夏、秋、冬、风、霜、雨、雪等字，夏商时期已经有了夏至、冬至及春分、秋分这四个节气。经过进一步发展完善，完整的二十四节气最早记载于西汉时期的《淮南子·天文训》。

在汉武帝太初元年（公元前104年）颁行的《太初历》中，正式把二十四节气订于历法，明确了其天文位置。汉代以后，中国官时和民时的观念都受到二十四节气的约束，皇朝把它当作礼制规范向天下推行。每当重要的节气来临，皇帝亲自举行有关示范仪式，表示启动全国的农耕生产。

二十四节气也早在古代就已经被朝鲜、日本、越南等其他国家接受，结合本国实际情况与民族文化沿用至今。

《二十四节气图册》（《墨妙珠林》，清·张若霭）

已有两千多年历史的二十四节气，即使在科技文明高度发达的现代，也仍然是人们作息生活和从事生产活动最具中华民族特色、最富文化底蕴的"指南针"。

2016 年 11 月 30 日，联合国教科文组织通过审议，批准中国申报的"二十四节气"列入联合国教科文组织人类非物质文化遗产代表作名录。在国际气象界，二十四节气被誉为"中国的第五大发明"，大放异彩。

二十四节气准确地反映了自然节律变化，在漫长的农耕社会中发挥着重要作用，也拥有丰富的文化内涵。从古至今，围绕二十四节气产生了众多的诗词歌赋。

四、算术与数学

中国古代数学以实用算法见长。汉代《九章算术》确立了 246 个问题模型，涵盖分数运算、方程术等，后影响东亚千年，在唐代被列为官学教材，传播至朝鲜、日本；祖冲之推算的圆周率精度保持世界纪录近千年。

宋元时期的数学达到了理论高峰。宋代秦九韶《数书九章》提出"大衍求一术"（解一次同余方程组），为"中国剩余定理"源头；金代李冶《测圆海镜》发展"天元术"（高次方程列式）；元代朱世杰《四元玉鉴》则拓展至四元高次方程组求解。

运筹帷幄 决胜千里 ——筹算

记数和计算是数学最基础的内容。数字于中国最早出现是在新石器时代晚期，距今大约 6000 年。在这之前，我们的祖先采用结绳、契木等办法来表示数的概念，即所谓"结绳记事""契木为文"，甲骨文中的"数"字就取自结绳的形象。契木或其他形式的刻画记数是数字产生的基础。当人们可以通过某种规则的刻画来表达数字的时候，数字就自然而然产生了。根据现有的资料来看，最迟在仰韶文化半坡时代，我国已经有了可以称得上数字的刻画符号。

从已发现的 3000 多年前的商代陶文和甲骨文中，我们可以看到当时人们已经能够用"一、二、三、四、五、六、七、八、九、十、百、千、万"13 个记数文字，表示十万以内的任何自然数了。这些记数文字的形状，在后世虽有所变化最终成为现在的写法，但记数方法却从没有改变和中断，一直沿袭至今。如果将数的单位十、百、千、万和连接符号省去，则成为十进位值制的形式。十进位值制的记数法是古代世界中最先进、科学的记数法，对世界科学和文化的发展有着不可估量的作用。

十进位值制包括十进位和位值制两条原则。"十进位"即不同数位间满十进一；"位值制"则是不同数位上的相同数值用同一个数字符号表示，符号的位置非常重要。这样，就使整数表示和演算变得简便易行。

正如李约瑟所说的："如果没有这种十进位值制，就不可能出现我们现在这个统一化的世界了。"

中国早期比较普遍而又典型的十进位值制记数法是算筹记数法。算筹本身非常简单，就是长条形小棍。材质可能是竹、木、金属、骨头乃至象牙，但主要是竹和木，尤以竹质为多，所以表示算筹的字往往从"竹"，如算、筹、筹、策，等等。《汉书·律历志》称："其算法用竹，径一分，长六寸，二百七十一枚而成六觚，为一握。"这里的"算"是名词，它指的就是——算筹。几千年里，它是中国古人最常用的计算

中国算筹计数的纵横二式

工具，有人认为，"策"字代表的是手握一束算筹，开展算计谋划的形象。直到元代以后算盘全面普及，算筹才逐渐退出了历史舞台，筹算演变为珠算。

1954 年，在湖南左家公山的楚国墓葬里出土了 40 根战国时的竹算筹，是已知最早的算筹实物。此后，在陕西千阳县等地还出土了骨制、铅制、象牙制等不同材质的古代算筹。

古代用算筹排列成基本数字一至九，有纵横两种形式。《孙子算经》中有押韵的顺口溜："凡算之法，先识其位。一纵十横，百立千僵，千十相望，万百相当。"是说个位数用纵式、十位数用横式、百位用纵式、千位用横式、万位用纵式，依此类推，交替使用纵横两式。遇到零，算筹记法是不放算筹，以空位表示。中国的零用空位先用"□"表示，之后演变为"○"，同阿拉伯数字"0"类似。但是，中国零的发明渊源有自，并非传入。

有趣的是，中国的成语中也有算筹和筹算。"运筹帷幄"出自司马迁《史记·张良传》，是说张良带兵打仗，夜宿帐篷之中，还在案桌上摆弄算筹，计算兵力、辎重、粮草、行军路程等，夸张良"运筹策帷幄之中，决胜于千里之外"。而老子《道德经》称"善数不用筹策"，这是夸精通数学的人，可以不用算筹进行计算，用心算即可，后引申为"算计"的意思。

总之，在十进位值制记数的基础上，用算筹摆成数字进行计算称之为筹算，所以"算术"的原意是指筹算的技术，这是中国数学特有的名称，这一名称恰当地概括了中国数学依赖于算筹，且以算为中心的特点。

毫厘不爽 乘除分明 ——珠算

作为我国古代的重大发明，珠算已伴随人们度过了2000多年的漫长岁月。珠算由筹算演变而来。在算筹的基础上，又改进发明了更为先进的珠算盘。珠算盘的来历，最早可追溯到公元前600年，据说当时就有了"算板"。东汉末年，徐岳在《数术记遗》中记载了一种珠算盘，每位有5珠，上面1珠代表5，下面4珠每1珠代表1。这是对珠算盘最早的文字记载。到明代，对珠算盘的记录更加详细，如数学家徐心鲁的《盘珠算法》插图记载是上1珠，下5珠；午荣的《鲁班经》记载是上2珠，下5珠，他还记述了算盘的尺寸。

最常见的传统算盘，为上2珠，下5珠，上面1珠代表5，下面1珠代表1。在用算盘进行计算时，采用"五升十进制"，即每1档满5时便用1粒上珠表示，每1档满10时便向前一档进位1。

古代的珠算法，以手拨算珠进行运算。为了快速掌握各种算法，人们将手指动作编成了口诀，并不断探索如何优化算法和动作，让计算变得更加快捷。

珠算乘法所用的"九九"口诀起源甚早，春秋战国时期就已在筹算中应用了。到宋代，沈括在《梦溪笔谈》中提到了"九除者增一,八除者增二"，后来演变为"九一下加一,八一下加二"等口诀；杨辉在《乘除通变算宝》中，叙述了"九归"，他在当时流传的4句"古诀"上，添注了32句新口诀；元代朱世杰的《算学启蒙》载有九归口诀36句，之后丁巨的《算法八卷》，其中也有"撞归口诀"。就这样，珠算的口诀逐渐丰富起来。到明代，有识之士先后对古珠算法进行总结、规范，进一步拓展了算盘的应用领域。

穿珠算盘在宋代已出现，北宋张择端画的《清明上河图》中"赵太丞家"药铺柜台上有两个长方盘子，研究者认为它是算盘，但也有学者认为它是钱板。宋代苏汉臣所绘《货郎图》中的货郎担上有两把算盘，其梁、档、珠都很清晰。元末陶宗仪《南村辍耕录》（1366年）卷二十九"井珠"条中有"算盘珠"比喻。《庞居士误放来生债》杂剧中有"去那算盘里拨了我的岁数"的戏词。

15世纪中叶以后，珠算著作增多。16世纪后期，珠算专著大量出现，并全面普及。《盘珠算法》对珠算的口诀、运算和操作方法，均有较全面的介绍。明万历年间，

《货郎图》（宋·苏汉臣）

开方计算已经可在算盘上进行。程大位的《算法统宗》（1592 年）集珠算四则运算之大成。而在明代商业繁荣的社会环境中，珠算得到了蓬勃发展，而筹算则逐渐销声匿迹。

自古以来，算盘都是用来算账的，因此也被赋予了很多象征意义，在某种程度上，它已经成为一种文化符号。比如，它被当作象征富贵的吉祥物，为人们所推崇。在民间，常会听到"金算盘""铁算盘"之类的比喻，形容的也

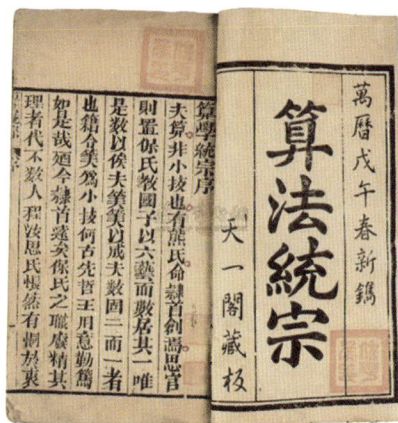

《算法统宗》书影

"算子"印（马国馨院士刻）

多是"算进不算出"的精明。除了与钱财相关的象征意义以外，算盘也常被用来象征出入平衡，分毫不差。在北京东岳庙的路衙门内两侧各挂着一副大算盘，左右联有"毫厘不爽，乘除分明"，以示赏善罚恶，公正严明。这些关于算盘计算功能之外的引申，把算盘深深地植入了中国传统文化之中。

2013 年 12 月 4 日，联合国教科文组织将"中国珠算"列入人类非物质文化遗产代表作名录。

协时月正日 同律度量衡 ——新莽铜卡尺

度量衡起源于《虞书》，随后，各朝代均沿用这个名称。度，即审度，用以确定物体的长度；量，即嘉量，用以确定物体的体积；衡，指权衡，用以确定物体的重量。度量衡对于古代的制造业和贸易大有裨益。

公元前 221 年，秦始皇统一六国后，沿用商君之法，颁布诏书统一度量衡，对生产力的发展有着强大的推动作用。

西汉末年，社会矛盾日益加剧。公元 8 年，王莽接受孺子婴（刘婴）的禅让后称帝，改国号为"新"，开中国历史上通过符命禅让做皇帝的先河。新朝建立后，王莽进行了全面的社会改革，实施新政，有些内容和现代很多制

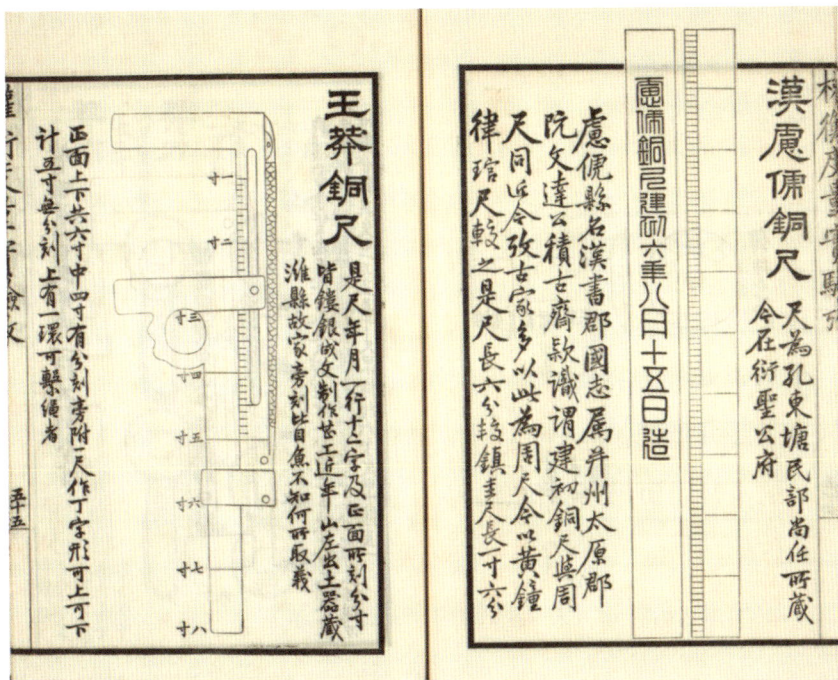

《权衡度量考》书影（清·吴大澂）

度相似。有网友称其为"时代穿越者"，并列出几大证据：发明青铜卡尺、重视科技、国有化土地、改革货币、改革商业、创立贷款制度等。

关于度量衡器，清末，在多地发现刻有新莽时期（9—23 年）年号的青铜卡尺。起初有人误认其为钥匙，据著名学者吴大澂《权衡度量考》考证，原来，它就是"王莽铜尺"，即新莽铜卡尺。国家博物馆藏的铜卡尺，由固定尺和活动尺两部分组成，两尺通过导槽、导销、组合套等部件嵌合在一起，后者可以在前者上方平行滑动。两尺上都有刻度，且在一端都有一个 L 形的卡爪。当两卡爪并拢时，两尺上的刻度基本对齐。将器物置于卡尺两卡脚之间，或用卡脚分别抵住器物的内缘两边，易于读出准确的直径。但因来源信息缺失，曾被怀疑为后世仿品。

1970 年底，中国历史博物馆曾组织专家对

新莽铜卡尺与现代游标卡尺

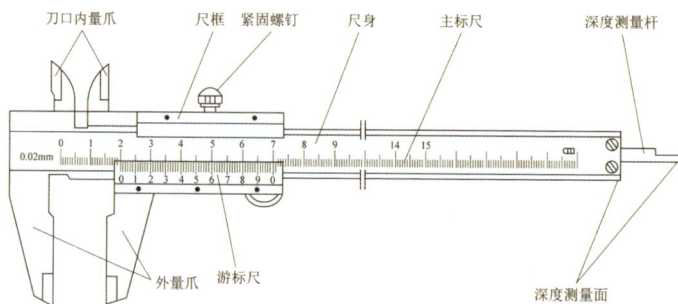

刀口内量爪　尺框　紧固螺钉　尺身　主标尺　深度测量杆

外量爪　游标尺　　　　　　　　　　深度测量面

馆藏铜卡尺进行鉴定，根据卡尺纹饰和铭文的艺术特征、磨损与氧化情况，以及对卡尺合金成分的定性分析，并通过与 1927 年甘肃出土新莽铜权合金成分的比较，认定其为真品。

1992 年 5 月，在江苏省扬州市邗江县甘泉乡（今邗江区甘泉镇）发掘一座东汉早期的砖室墓，出土一件新莽铜卡尺实物。

该卡尺由固定尺和活动尺等部件构成，固定尺通长 13.3 厘米，固定卡爪长 5.2 厘米、宽 0.9 厘米、厚 0.5 厘米。固定尺上端有鱼形柄，长 13 厘米，中间开一个导槽，槽内置一个能旋转调节的导销，循着导槽左右移动。在活动尺和活动卡爪之间接一个环形拉手，便于系绳或抓握。两个爪相并时，固定尺与活动尺等长。使用时，一手握住鱼形柄，一手牵动环形拉手，左右拉动，以测工件。用此量具既可测器物的直径，又可测其深度以及长、宽、厚，均较直尺方便和精确。

只因年代久远，其固定尺和活动尺上的计量刻度和纪年铭文，已经锈蚀难以辨认。但它却非常珍贵，被定为国家一级文物，还被专家称为"现代游标卡尺的鼻祖"。

现代意义的游标卡尺，人们普遍认为是法国人约尼尔·比尔在 1631 年发明的。事实证明，王莽时代是公元 9—23 年，比法国人早了 1600 多年。

新莽铜卡尺，一件小小的文物，代表了中国量具领域的进步。同时，它也代表了中国古人的智慧和冲破桎梏的勇气。在科技发展日新月异的今天，我们更要做时代的领航者。

线性方程"并而除之"——《九章算术》

与现今不同，线性方程组在古代称为方程，而现今的一元方程，中国古代称为开方。"方"的本义是"并"，"程"是求其标准数量。以《九章算术》方程章第一题为例："今有上禾三秉，中禾二秉，下禾一秉，实三十九斗；上禾二秉，中禾三秉，下禾一秉，实三十四斗；上禾一秉，中禾二秉，下禾三秉，实二十六斗。问上、中、下禾实一秉各几何。"

如用现在设未知的方法，列出的线性方程组为：

$$\begin{cases} 3x+2y+z=39 & （1） \\ 2x+3y+z=34 & （2） \\ x+2y+3z=26 & （3） \end{cases}$$

解这个"方程"用的是"直除法"。所谓直除法，就是整行与整行对减。此处方程的建立及消元变换采用位值制，每个数字不必标出它是哪个未知数的系数，而是用所在的位置表示。《九章算术》方程的表示，相当于列出其增广矩阵，消元过程相当于矩阵变换。刘徽用齐同原理证明了直除法的正确性。

1	2	3
2	3	2
3	1	1
26	34	39
[3]	[2]	[1]

而用直除法必然会出现零减去正数的情况。为使运算继续下去，就必须引进负数概念。《九章算术》所载的"正负术"，就是为解决这一问题而提出的。这是世界数学史上最卓越的成就之一："正负术曰：同名相除（减），异名相益（加）；正无入负之，负无入正之。其异名相除，同名相益；正无入正之，负无入负之。"这也是在世界上第一次提出了正负数的加减法。

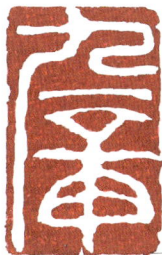

"九章"印（马国馨院士刻）

149

除中国外，世界上对负数概念的建立和使用都经历了曲折的过程。

希腊数学注重几何，而忽视代数，几乎没有建立过负数的概念。印度婆罗摩笈多开始认识负数，采用点或小圈记在数字上面表示负数。对负数的解释是负债或损失，只是停留在对相反数的表示上，尚未将负数参与运算。

欧洲第一个给出负数正确解释的是斐波那契，他在解决一个关于盈利的问题时说："我将证明这问题不可能有解，除非承认这个人可以负债。"1484 年，法国的数学家给出二次方程一个负根。意大利数学家在 1545 年区分了正负数，把正数叫作"真数"，负数叫作"假数"，并正式承认了负根，不过，这些思想都没有在欧洲引起足够重视。直到 18 世纪，有些数学家还认为负数比零小是不可能的。

勾三股四弦五 碧草玉兰修竹 ——勾股容圆

据汉代《周髀算经》记载，昔者周公问算于商高，商高对曰："勾广三，股修四，径隅五。"周公赞曰："大哉言数。"古人以"勾三股四弦五"为上联，有对仗下联"六诗七绝八古"者，也有巧对"碧草玉兰修竹"者，又何其美哉言数也！

汉代《九章算术》勾股章第16题"今有勾八步，股十五步。问勾中容圆，径几何？"

该题"术文"为"八步为勾，十五步为股，为之求弦。三位并之为法，以勾乘股，倍之为实。实如法，得径一步。"三位即勾、股、弦，若分别以 a、b、c 表示，则此圆径 $d=2ab/a+b+c$。

此开勾股容圆问题研究之先河。勾股容圆是通过勾股形（今称直角三角形）和圆的各种相切关系求圆直径的问题，这是中国数学史上的一个重要问题。魏晋时期的刘徽用出入相补原理等方法证明了这个公式。

宋金时期，洞渊在此基础上研究了同一个圆和各种勾股形的相切关系，给出了由勾股形的三边求圆径的9个公式，称为"洞渊九容"。洞渊是道教的派别，通"九数"，活跃于唐宋。

元代李冶由洞渊九容演绎成《测圆海镜》，不仅保留了洞渊九容公式，即9种求直角三角形内切圆直径的方法，而且给出一批新的求圆径公式。

卷一中的"圆城图式"："假令有圆城一所，不知周径。四面开门，门外纵横各有十字大道。其西北十字道头，定为乾地；其东北十字道头，定为艮地；其东南十字道头，定巽地；其西南十字道头，定为坤地。所有测望杂法，一一设问如后。"今正方形乾坤巽艮容一圆，圆与15

《周髀算经》书影

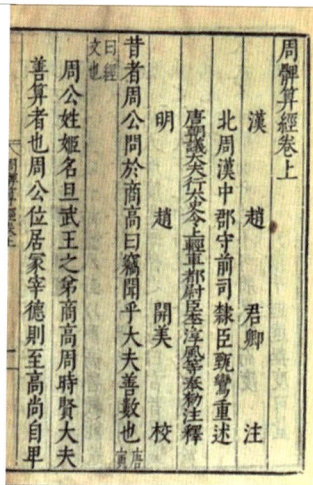

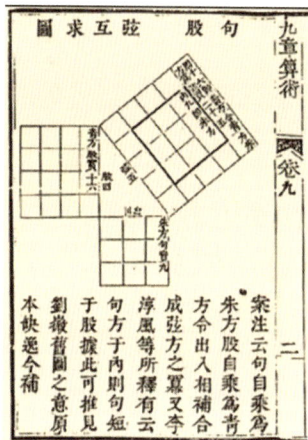

《九章算术》书影

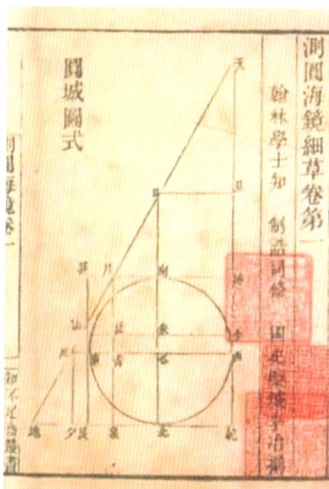

《测圆海镜》书影

个勾股形的各种关系，由此展开。这是全书的总括图解，由一个直角三角形、它的内切圆以及一些特定的点和直线组成。其中的顶点、圆心和交点都用某个汉字来指代，相当于西方用的字母，有异曲同工之妙，是为李冶的创造。

卷一中的"识别杂记"阐明了圆城图式中各勾股形边长之间的关系以及它们与圆径的关系，共 600 余条，每条可看作一个定理（或公式），这部分内容是对中国古代关于勾股容圆问题的总结。

后面各卷的习题，都可以在"识别杂记"的基础上以天元术（解方程）为工具推导出来。李冶总结出一套简明实用的天元术程序，并给出化分式方程为整式方程的方法。他发明了负

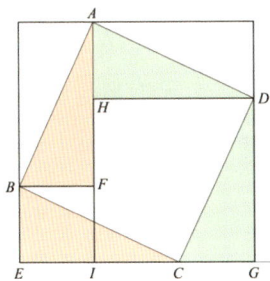

汉代赵君卿的勾股割补图（赵君卿注《周髀算经》，他对《周髀算经》原文逐句逐段做了忠实的解释，并引用了《灵宪》《周易》《周礼》《吕氏春秋》《淮南子》《左氏传》等典籍来阐释《周髀算经》的内容）

号和一套先进的小数记法，采用了从零到九的完整数码。除零以外的数码古已有之，是筹式的反映。但筹式中遇零空位。从现存古算书来看，李冶的《测圆海镜》和秦九韶《数书九章》是较早使用零的两本书，它们成书的时间相差不过一年。《测圆海镜》重在列方程，对方程的解法涉及不多。但书中用天元术导出许多高次方程（最高为6次），给出的根准确无误，可见李冶是掌握高次方程数值解法的。

总之，李冶在勾股容圆术中有专门的概念和公式，采用了演绎推理的方法，这在中国数学思想发展史中占有重要的地位。

中国宋元时期，研究测圆术的数学家不在少数。比如朱世杰的《四元玉鉴》中有"勾股测望"门，其中就有这方面的题目。比如有一题是这样的："今有圆城，不知大小，各中开门。甲、乙俱从城心而出，甲出南门一十五步而立；乙出东门四十步见甲。问城周几何？"

后世学者对《测圆海镜》给予高度的评价。清代阮元认为《测圆海镜》是"中土数学之宝书"；《则古昔斋算学》的作者李善兰称赞它是"中华算书实无有胜于此者"，在此基础上又补充了3种容圆关系：勾弦上容圆、股弦上容圆、弦外容圆。

五、地学

地学涵盖地理学、地质学，服务于疆域治理与资源开发。成书于战国时期的《禹贡》划分九州并记述土壤物产等；北魏郦道元《水经注》详录 1252 条河流水文与人文景观；北宋沈括《梦溪笔谈》发现太行山岩层含螺蚌化石，推论出海陆变迁；杜绾《云林石谱》系统描述了 116 种岩石矿物的特性；明代徐霞客考察喀斯特地貌与长江上源金沙江，开创了实地踏勘范式。

在地图测绘方面，西晋裴秀提出"制图六体"（比例、方位、距离等原则），奠定了传统制图理论；宋代《禹迹图》采用计里画方网格，精确绘制海岸线与水系；清代《皇舆全览图》运用三角测量法，是中国第一幅绘有经纬网的全国地图。

地图经大庾 水驿过长沙 ——地图与制图

地图是人们认识、理解和改造世界的必要工具。荆轲欲借献《督亢地图》刺杀秦王的史实，说明了地图的重要性。地图以其独特的数学基础、图形符号和抽象规律，展示了地球上的自然现象和人类社会的文化状态，代表了一个时代的科技发展水平。在人类发明和使用的过程中，地图反映了历史、地理、风土人情、生活方式、文学艺术、思维方式和价值观念，传递着特殊的文化信息，积淀了深厚的文化底蕴。当今时代，地图不仅是我们认识世界的基本工具，还能够更好地帮助我们规划未来。

在人类发明象形文字以前，地图就出现了。人类要在一个地方定居、开展活动，就要记录下这个地方的山川、水泽、土地状况。出走远地就要辨别方向，熟识路途的山丘、沟壑、河流、湖泽、树木、道路等。

在古代中国，公元前 11 世纪，周成王决定在洛河流域建洛邑。《尚书》中《洛诰》就记述了有人根据地图建设洛邑的事。

春秋战国时期，由于战争和管理需要，出现了不同用途的地图。《周礼》中列举了执掌不同用途地图的 20 余个部门。有的执掌"版图"（户籍图），有的执掌土地之图，有的执掌金玉锡石之地图，有的执掌天下图（全国性区划图），还有的执掌兆域之图（墓葬地图）等。

战国时期，军事地图更为普遍。《孙子兵法》和《孙膑兵法》分别附图 9 卷和 4 卷。《管子·地图篇》曾道，凡统帅军队者，必事先详尽熟悉和掌握军事活动地区的地图。

1973 年，在湖南长沙马王堆三号汉墓出土的 3 幅地图——《长沙国南部地形图》《长沙国南部驻军图》《城邑图》，均绘在帛上，又名马王堆帛地图。据墓葬信息判断，其绘制年代应在汉文帝前元十二年（公元前 168 年）以前，距今已有近 2200 年，为中国发现的最早的地图。

《长沙国南部地形图》的比例尺约为 1:180000，原图画在长 93 厘米、宽 96.5 厘米的长方形帛上，包括范围大致在东经 111°~112°30′，北纬 23°~26°，地跨今湖南、广东两省和广西壮族自治区的一部分。地图主区为汉时诸侯国长沙国的南部，中心较大城镇为深平城址，内容有山脉、河流、居民点和交通网四大基本要素。河流按流向粗细均匀变化，线条表示、平面图形等与当今地图相近；地貌采用闭合曲线表示法，山体清晰醒目，位置准确；居民点用不同等级符号；道路用虚实两种曲线表示，是具有相当高水平的大比例尺地形图。

《长沙国南部驻军图》比例尺为 1:80000~1:100000，长 100 厘米、宽约 78 厘米，用黑红青 3 色绘制，主区为今湖南江华瑶族自治县的潇水流域，方圆 500 千米。以红色标明 9 支军队驻地、指挥城堡、关塞、烽燧，蓝色表示水面，黑色用以表示居民地、山地以及注记。居民地还注出户数、村庄间道路和里程等。

《城邑图》损坏严重，图上无文字，绘有城墙，用蓝色画出城门上的亭阁，红色表示街坊和庭院，按正方形画出街道，用宽窄不同的线条表示主要街道和次要街道；宫殿、城堡等建筑物则用象形符号表示。这有点类似现代城市旅游图了。这幅《城邑图》的出土为研究汉代城邑的规划、布局、结构、设防等城市地理问题提供了实物依据，十分难得。

马王堆地图是已发现秦汉地图中测绘水平最高、最具代表性的地图。西汉以前，古人已经掌握了"准、绳、规、矩"4种测绘工具，并使用司南测定方位，再应用《周髀算经》中的"重差法"和"日高术"获得测量数据，再依据分率（比例尺），使用统一的图例，将测绘数据绘制于帛上，便可成图。

盛唐诗人多以"地图"一词入诗，如杨衡的"地图经大庾，水驿过长沙"、白居易的"地图铺洛邑，天柱倚嵩丘"、张祜的"宁似九州分国土，地图初割海中流"。至宋，还有陈应龙的"欲分天子忧，张灯阅地图"云云。

中国历史地图的研究编制也有悠久的传统。公元3世纪西晋裴秀用"制图六体"编成的《禹贡地域图》，是有记载的最早的中国历史地图集。

裴秀（224—271年），字秀彦，河东闻喜（隶属山西省）人，晋武帝时官司空，后任宰相。他根据"军所经，地域远近，山川险易，征路迂直"，校验了魏国留下的旧图。由于旧图绘制粗略，加之地名的改变，他在门客京相的帮助下，编制了《禹贡地域图》。

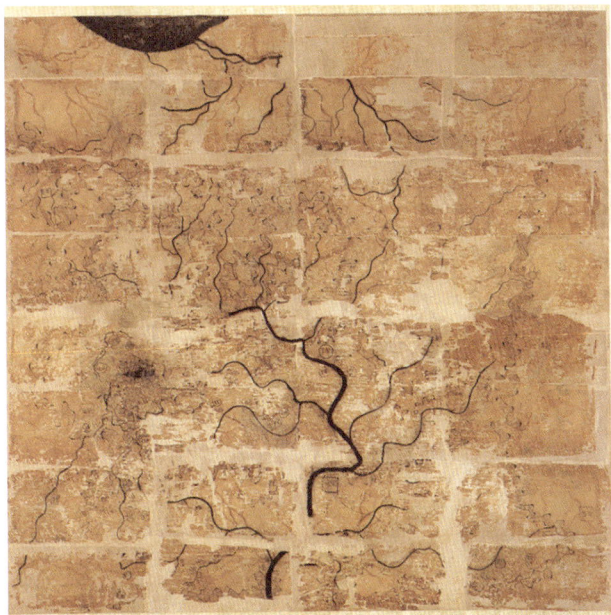

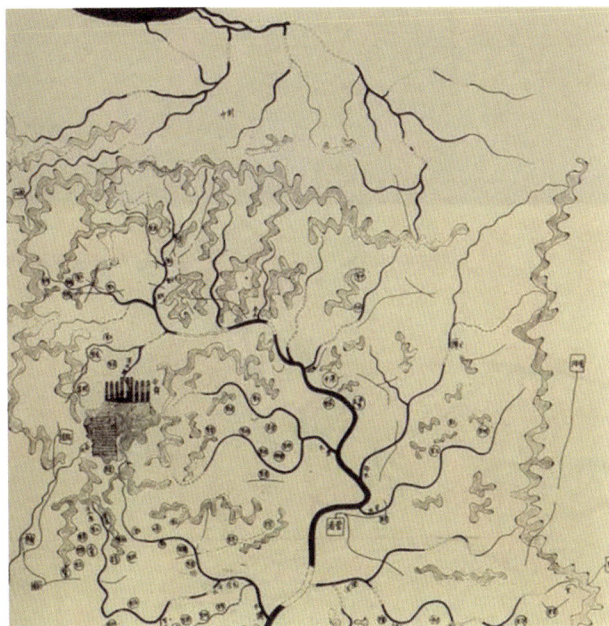

马王堆汉墓出土《长沙国南部地形图》及复原图

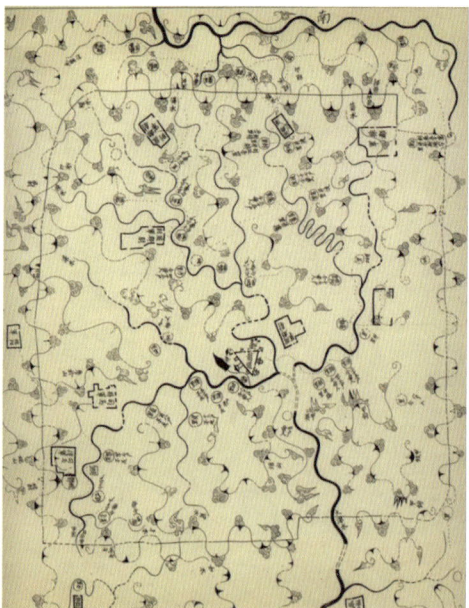

马王堆汉墓出土
《长沙国南部驻
军图》及复原图

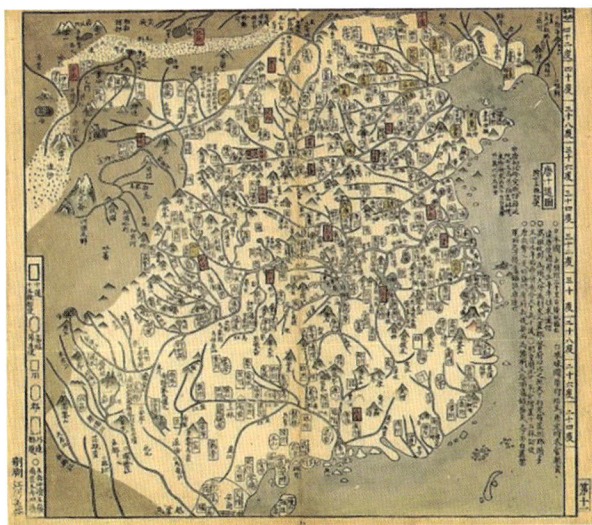

《唐十道图》

　　裴秀对古籍《尚书·禹贡》的记载作了详细考订，从九州的范域到具体的山脉、河流、湖泊、沼泽、平原、高原，都一一考察落实。同时，他又结合当时的实际情况，探明了历代的地理沿革，连古代时期的诸侯结盟地与水陆交通也一一摸清。对于自己暂时确定不了的，就"随事注列"，决不敷衍了事。

　　最后，裴秀终于绘制成了著名的《禹贡地域图》18 篇。其中的《地形方丈图》地形方丈图一丈见方，按"一分为十里，一寸为百里"

的比例（即 1:1800000）绘制而成。可惜的是，裴秀绘制的这套地图集后来失传了。

今天我们能见到的，只有他为这套地图集所撰写的序言（见《晋书·裴秀传》）。在这篇序言中，保存了他的"制图六体"理论：

一为"分率"，用以反映面积、长宽之比例，即今之比例尺；二为"准望"，用以确定地貌、地物之间的相互方位关系；三为"道里"，用以确定两地之间道路的距离；四为"高下"，即相对高程；五为"方邪"，即地面坡度的起伏；六为"迂直"，即实地高低起伏与图上距离的换算。

《禹贡地域图》

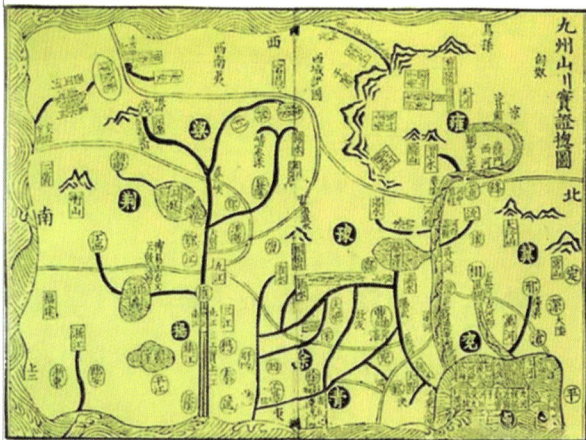

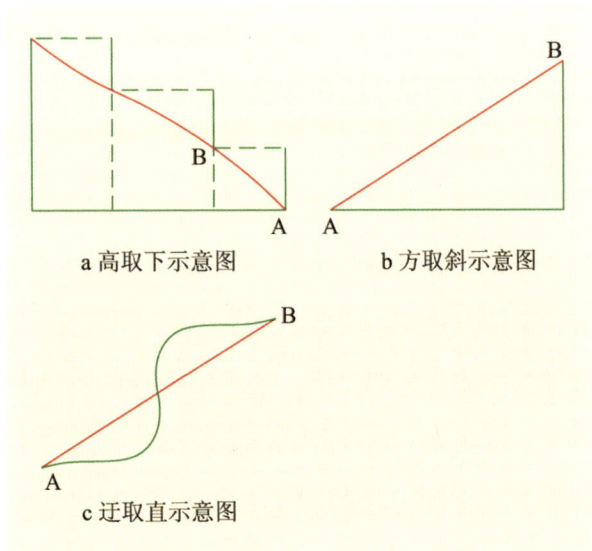

a 高取下示意图　　b 方取斜示意图

c 迁取直示意图

"制图六体"方法示意图

　　裴秀认为，"制图六体"是相互联系的，在地图制作中极为重要。如果按比例尺绘图，不考虑"准望"，那么在这一处的地图精度还可以，在其他地方就会有偏差；有了方位而无"道里"，就不知图上各居民地之间的远近，就如山海阻隔不能相通；有了距离，而不测"高下"，则径路之数必与远近之实相违，地图同样精度不高，不能应用。这六条原则的综合运用，正确地解决了地图比例尺、方位和距离之间的关系问题。所以，"制图六体"成为中国明代以前地图制图学理论的基础，唐代贾耽、宋代沈括、元代朱思本和明代罗洪先等古代制图学家的著名地图，都继承了"制图六体"的原则。

裴秀提出的"制图六体"，也是当时世界上最科学、最完善的制图理论。这个理论也同中国古代数学中的勾股、测望方法和司南方向定位一道，体现了中国古代传统数理科学的特色和优势。除经纬线和地球投影外，现代地图学上应考虑的主要因素，裴秀几乎全提了出来，他因此被称为"中国科学制图学之父"。这一理论直到明清时，都是被遵循的。明末，意大利有经纬线的地图传入后，中国的绘图方法才开始改变。

江作青罗带 山如碧玉簪 ——《徐霞客游记》

徐霞客是明朝杰出的旅行家、地理学家，他每到一地，便把所见所闻真实而生动地记录下来，过世后由他人整理成《徐霞客游记》，是一部以日记体为主的地理名著。描述的内容涉及地貌、地质、水文、气候、动植物、历史地理、社会政治经济、城镇聚落、民族风俗等方面的知识，尤以地貌、水文、植物等内容为多。它是世界上第一部广泛系统地记载和探索喀斯特地貌的巨著。

喀斯特地貌的发育经溶蚀与沉积的双向化学过程，附

徐霞客手迹

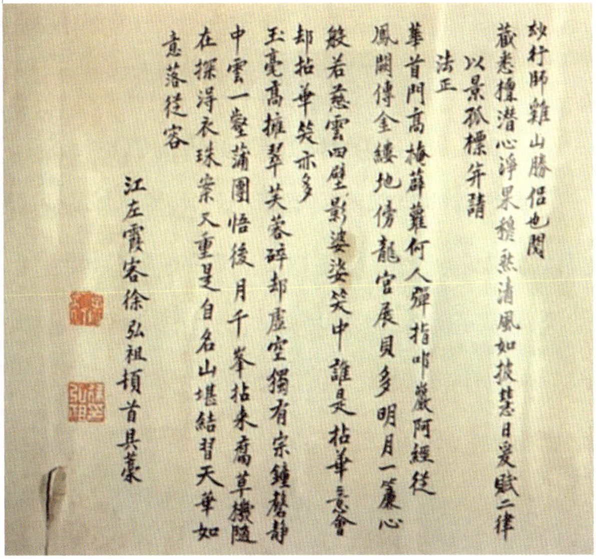

致村師難山勝侶也閻
藏荖襌潛心淨果攤慈清風如拔慈日爰賦二律
以景孤標笄請
法正
華首門高橋薛難何人舞指咋巖阿迤逶
鳳闕傳金鑷地傍龍宮展貝多明月一簾心
緻若慈雲四壁影婆娑笑中誰是拈華意會
卻拈華笑亦多
玉毫高擁蒲荖芙蓉辭卻盧空獨有宗鍾磬靜
中雲一臺蒲荖圓悟後月千峯拈來高草換隨
在探得衣珠宗又重是自名山堪結習天華如
意落徑客

江左霞客徐弘祖頓首具蒙

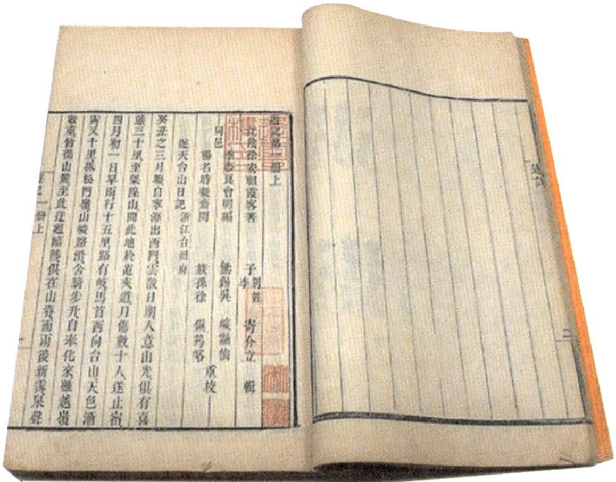

《徐霞客游记》是中国地理学史上一颗闪耀的明珠，在世界科学史上占有一席之地。全书文笔生动，也是游记文学的优秀作品

加水力和重力侵蚀，构成溶蚀侵蚀—迁移—堆积过程，统称喀斯特作用。其中的溶蚀机理，经历几个化学反应阶段，几个反应的联合化简式为：

$$CaCO_3+CO_2+H_2O \rightleftharpoons Ca^{2+}+2HCO_3^-$$

喀斯特地貌发育于喀斯特作用区，其强弱受气候、岩性、构造及生物等因素的控制。除源于地壳深部的水外，参与喀斯特作用的 CO_2 很大部分来自生物成因，而生物的碳代谢使土壤空气比正常大气 CO_2 浓度高数倍，乃至百余倍以上。

徐霞客出身于书香门第的地主家庭，自幼"特好奇书"，欲"问奇于名山大川"。21 岁开

典型喀斯特地貌示意图

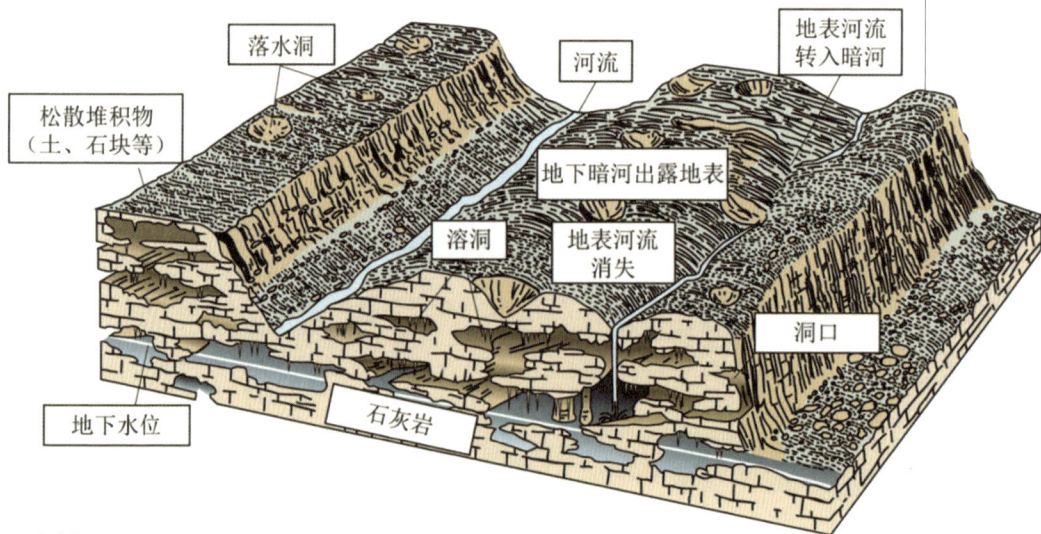

落水洞　河流　地表河流转入暗河　松散堆积物（土、石块等）　地下暗河出露地表　溶洞　地表河流消失　洞口　地下水位　石灰岩

始出游，30 多年间历尽艰险，足迹遍及现在的江苏、浙江、安徽、山东、河北、山西、陕西、河南、湖北、福建、广东、江西、湖南、广西、贵州、云南 16 个省区。其历程大致可以崇祯九年（1636 年）为界分为前后两个时期：前期北登恒山，南及闽粤，东涉普陀，西攀太华之巅，偏重搜奇访胜，写下了天台山、雁荡山、黄山、庐山、嵩山、华山、五台山、恒山等名山游记 17 篇；后期的西南地区之行，则在探寻山川源流、风土文物的同时，重点考察与记述了喀斯特地貌的分布及其发育规律，写有《浙游日记》《江右游日记》《楚游日记》《粤西游日记》《黔游日记》《滇游日记》等。

他在地理学上的重要成就主要有：

①对喀斯特地貌的类型、分布和各地区间的差异，尤其是喀斯特洞穴的特征、类型及成因，有详细的考察和科学的记述。仅在广西、贵州、云南 3 省，他亲自探查过的洞穴便有 270 多个，且一般都有方向、高度、宽变和深度的具体记载，并初步论述其成因。

②纠正了文献记载的关于中国水道源流的一些错误。如否定自《尚书·禹贡》以来流行 1000 多年的"岷山导江"旧说，肯定金沙江是长江上源。正确指出河岸弯曲或岩岸近水流之处冲刷侵蚀厉害，河床坡度与侵蚀力的大小成正比等问题。对喷泉的发生和潜流作用的形成也有科学

广西环江毛南族自治县大才乡的喀斯特地貌

的解释。

③观察记述了很多植物的生态品种，明确提出了地形、气温、风速对植物分布和开花早晚的各种影响。

④调查了云南腾冲打鹰山的火山遗迹，科学地记录与解释了火山喷发出来的红色浮石的产状、质地及成因；对地热现象的详细描述在中国也是最早的；对所到之处的人文地理情况，包括各地的经济、交通、城镇聚落、少数民族和风土文化等，也做了不少精彩的记述。

他在中国古代地理学史上超越前人的贡献，特别是关于喀斯特地貌的详细记述和探索，居于当时世界的先进水平。

六、博物学与音律学

博物学作为综合性的自然研究，涵盖生物、物理、化学等经验知识。《诗经》记录动植物百余种；晋代嵇含《南方草木状》分类岭南植物 80 种，为世界首部区域植物志；沈括《梦溪笔谈》记录磁偏角、声学共振等发现；明代朱橚的《救荒本草》图文考证了 414 种可食植物，开创食用植物学研究的新篇章。

辨识生物促环保 ——生物志

张骞通西域，将匈奴所产的骆驼、驴、骡，西域产的良马、犀、象、苜蓿、葡萄等动植物引入内地。汉朝的家畜鉴定和选种技术已有较高水平。《史记·日者列传》记有黄直、陈君夫"以相马立名天下"，而"荥阳褚氏以相牛立名"，他们都是研究马、牛形态的专家。《后汉书》中提到马援以擅养良马而著称，他博采众家之长以金属铸成铜马模型。甘肃省武威市出土的东汉晚期铜奔马，其造型特征与《后汉书》所载马援的"铜马法"注文基本相符。

当时学者已认识到生物遗传与生命繁殖有关，而且有意识地利用生物遗传变异性进行人工选择。《尔雅》分植物为草、木两类，分动物为虫、鱼、鸟、兽四类，这种

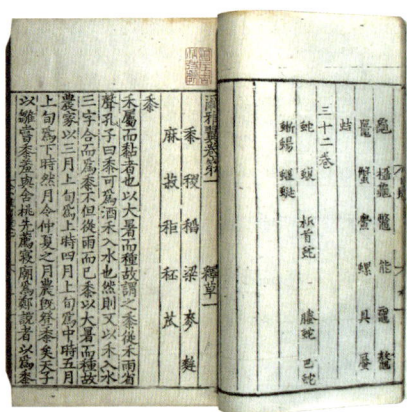

《尔雅翼》书影（《尔雅》是世界辞书史上现存最早的词典，也是世界百科全书历史上现存最早的百科类工具书，《尔雅翼》考释了《尔雅》所收的动植物词语）

动植物的分类方法基本上反映了自然界的实际状况。

在环境保护方面，《淮南子·主术训》中对先秦环境保护政策进行了系统的总结，其中的许多具体规定，体现了合理利用、保护生物资源以及与农业生产密切结合的特点。

唐朝生物学家对动植物形态做了仔细观察，编绘了一些动植物的图谱。苏敬等人在659年编纂《新修本草》，搜集了全国各地的药用植物并绘有图像，它是中国较早的一部动植物形态图谱。陈藏器则观察到鲤鱼的侧线鳞有36片。

唐朝海事活动频繁，人们对海洋动物的生

东汉铜奔马（甘肃省武威市出土，长颈、高足，表现了西域马的特点。张骞通西域，曾从大宛、乌孙等地引进良马，对繁育和改良中原马匹，起到了重要的作用）

态、习性也有细致的观察和描述。刘恂《岭表录异》记水母与虾共栖，段成式《酉阳杂俎》记蟹与螺类动物共生等现象尤为生动。

关于动物保护色的记述，以《酉阳杂俎》的记载最为全面。段成式概括了动物界普遍存在保护色，不是个别动物才具有的特性。他指出"凡禽兽必藏若形影"，就是动物依靠自身体色与周围环境保持一致，不被其他动物发现，这样有利于捕获食物，也可避免受到天敌的伤害。

在环境保护方面，唐朝虞部管理的范围，除山林川泽、苑囿、狩猎外，还将城市绿化纳入其中。当时的都城长安已有宽广的林荫大道，设置禁猎、禁伐区，制定了保护道路，不得砍伐路边树木的规定。

在明朝以前，中国人的动物学知识主要散见于农医著作中。现真正的地区性经济动物志，是18世纪瑞典博物学家林奈（1707—1778年）发表他的分类学名著《自然系统》以后的书。但是中国早在16世纪已出现了一部《闽中海错疏》，书中按当时对海洋动物的认识，分门别类记载了福建沿海一带的水产动物，从内容和分类方法来看，确已进入动物志的领域。

《闽中海错疏》共3卷，记载福建水产动物200多种，以海洋经济鱼类为主。中国著名的四大海产大黄鱼、小黄鱼、带鱼和乌贼，海产珍品对虾和蟹，以及鲥等鱼都包括在内。所记载的鱼类计有80多种，分别属于40个科20个目。所记载的两栖类共10种，分别属于3个科。作者对各种动物的形态、习性等描述精确。书中将性状相近的种类排在一起，例如，把鲤、黄尾、金鲤、鲫、金鲫等，在大类中又把性状更接近的连排。这种排列方法在一定程度上描述了动物的自然类群，反映了它们之间的亲缘关系。

《藻鱼图》（明·刘节）

鲤，最早记载见于《诗经》，其命名沿用至今。唐朝陈藏器首先观察鲤的形态特征，指出鲤鱼的侧线鳞有 36 片（不同个体侧线鳞为 35～38 片），每片鳞上有黑点纹，这是指鳞片上的侧线孔

这些不同的大类和小类包含着科和属的概念。《闽中海错疏》对所记载的水产动物，基本上是按照自然分类原则进行分类的，而记载的内容包括动物名称、形态、习性、地理分布和经济价值等，与现在动物志的编写方法十分接近。

律管定音报早春 ——管口校正

古诗中不乏吟咏律管者，如唐代李璟"春气昨宵飘律管，东风今日放梅花"，宋代释正觉"弦管调来声律合，梭丝识出锦文观"，宋代宋白"律管飞灰报早春，寿阳梅淡落香烟"，清代方文"只道阳春回律管，岂知长夜闭烟萝"……

自古以来，中国就是一个极为重视音乐美学传统的国度。孔子"六艺"(礼、乐、射、御、书、数)即礼乐为先。先秦时期，乐器的制作技术已相当进步，出现了金、石、土、革、丝、木、匏、竹这8类材料制作的钟、铃、磬、埙、鼓、琴、瑟、祝、笙、竽、管等数十种乐器，还有数目从几个到几十个不等的成套大型编磬、编钟。《考工记》中记述了钟、鼓、磬的形制；钟壁厚薄、钟口形状、钟柄长短等对发声的影响，以及磬的调音方法等，反映出当时人们对振动体的发音、频率、音色、响度与乐器形态之间关系的定性认识。这一时期，乐律学知识也得到很大发

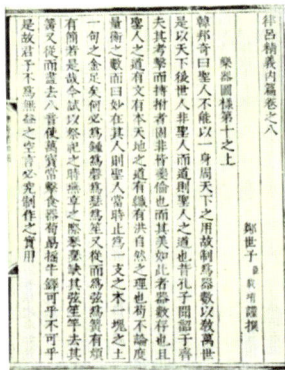

朱载堉《乐律全书》书影

展,《管子·地员》中最早明确记载了"三分损益法",《吕氏春秋·音律》记述了黄钟等十二律的律名。

从《史记》开始,二十四史中也有16部单辟《律历志》或《乐书》一章,专门记述相关时代的乐律学成果以及音高标准的计算方法。

有文字可考的中国乐律学实践的源头,至少可以上溯到公元前11世纪,典型的如《史记》所载"武王伐纣,吹律听声"。之后三千年,中国乐律学理论与实践一直持续发展,绵延不绝,新的突破层出不穷。

音乐学是古代声学研究的重要组成部分,

其中最基础性的工作之一是利用音高标准器确定标准音高。

古代西方的音高标准器以弦线为主，其振动频率主要由弦长决定，通过改变弦长可以准确地生成其他乐音。古代中国也采用过弦线式音高标准器，但由于主要使用蚕丝、马尾、动物筋腱等有机材料制造弦线，易因环境湿

虢季编钟

度、温度的变化而影响音准，因此古代音乐家们发明了独特的以弦线和律管相结合来确定音调的方法。

管律指管经过管口校正后的长度律数。由于管内振动体的空气柱有效长度，总大于管的实际长度，在音管设计上，律制的理论数据要

参考管口校正系数，才能得到理想的音高。

管口校正在历史上有两种方式：一种是同径的情况下，通过改变律制的原律数长度加以校正，例如西晋荀勖用正律黄钟加姑洗的律长之和来制定倍黄钟管，以缩短原倍黄钟管的理论长度来校正；另是在保持律制的原律数长度情况下，通过改变管径（包括内、外径）来加以校正，例如明代朱载堉的十二律管，朱载堉的贡献在于他对管口校正理论的建立，他提出了"异径管律"理论。李约瑟认为，该成果"可以被公正地看作是中国两千年来声学实验与研究的最高成就"。

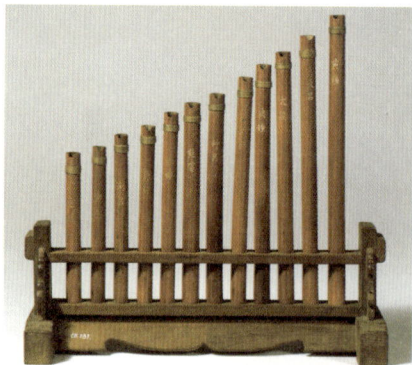

律管

律管管口校正在多个历史阶段都有重要进展。如北宋景祐年间（1034—1038 年），胡瑗著有《景祐乐府奏议》《皇祐乐府奏议》和《皇祐新乐图记》（与阮逸合著）等音乐专著，首次详尽记述了整套律管的管长、管径等参数，成功制造出第一套实现管口校正的律管定音器。

直到清代，虽然中国这一时期在自然科学方面已经全面落后于西方国家，但在律管的管口校正方面，却依然能够和世界一流的科学家保持对话。

1881 年 3 月 10 日，英国《自然》杂志曾以《中国的声学》为题，刊载了中国学者徐寿有关定音律管管口校正的论述。这是中国学者在国际上发表的第一篇自然科学文章。

第三章　☯　中国古代技术发明与创造

一、指南针与导航技术

中国古代罗盘技术起源于战国时期的天然磁石，汉代发展为勺形指南器。沈括《梦溪笔谈》记载人工磁化铁针的"指南针"，南宋时与方位盘结合形成"罗经盘"，实现精确导航。宋代海船普遍装备"水浮针"，元代改进为"旱罗盘"（枢轴支撑磁针），推动了海上丝绸之路的繁荣。

罗盘技术在12世纪由阿拉伯商人经地中海传到欧洲，助力了大航海时代的地理探索。郑和下西洋（1405—1433年）依赖罗盘导航完成跨洋航行，其航海图《郑和航海图》标注大量罗盘方位数据。

勇带磁针石 遇钵更投针 ——指南针

最古老的磁性指向器，大约是汉代人发明的"司南"。将天然磁铁加工成一外形似小勺的磁体，其勺底光滑，将其置于光滑地盘上，其勺柄即指南。司南一直被人们沿用至唐代。

司南之勺可在平滑的地盘上旋转，待静止时，勺柄指南。磁勺原为天然磁石琢磨而成。地盘为铜制，盘面刻字分三层，内层为八天干和八卦符号，中层为十二地支，外层为二十八星宿名称。天干名南方丙丁，北方壬癸，东方甲乙，西方庚辛。从正北方子字起为丑、寅、卯、辰、巳、午、未、申、酉、戌、亥。古代方位命名，简明的用八卦符号，详细的用八天干、十二地支和四角四卦符号，共计二十四方

司南

183

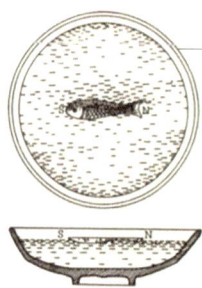

指南鱼示意图

缕悬法指南针（模型）
将不加捻的独根蚕丝系于木
架上，蚕丝下端接于磁针中
部，悬挂在无风的地方

位，子午为南北正向，酉卯为东西正向，是中国罗盘定向的来源。

晚唐段成式（约803—863年）写下了"勇带磁针石""遇钵更投针"的辞章。它表明，指南针诞生于约9世纪中叶。沈括在《梦溪笔谈》中记载了安置磁针的4种方法。一是将磁针平放在指甲上，磁针可以指南；二是将磁针平放在瓷碗的口沿上。但这两种方法稳定性差，不便施用。另外两种比较实用的方法，一种是水浮法，将磁针横穿于灯芯草上，放入盛水的瓷碗内，借助浮力，使磁针漂浮于水面指示南北；另一种是缕悬法，将磁针用独根蚕丝悬挂起来，下置二十四方位盘，磁针两端所指即为南北方向。

在《梦溪笔谈》中，沈括还阐明"方家以磁石磨针锋，则能指南"。这是中国早期人工磁化方法之一。指南鱼的制备方法记录于《武经总要》，书中说："用薄铁叶剪裁，长二寸，阔五分，首尾锐如鱼形，置炭火中烧之，候通赤，以铁钤钤鱼首出火，以尾正对子位，蘸水盆中，没尾数分则止，以密器收之。"此书则写于北宋时期。

同时，沈括在做指南针的实验时发现，磁针所指的方向并非正南正北，而是"常微偏东，不全南也"（《梦溪笔谈》卷二十四）。这是世界上关于磁偏角的首次发现。磁偏角是人类认识和利用地磁场的最早、也是最主要的对象。比后来的欧洲记录早 400 年。英国水手诺曼 1581 年在《新奇的吸引力》一书中发表了他的发现：将一根磁针用绳子在半空中吊起来，跟水平南北向形成一夹角，他将这称为磁偏角。各个地方的磁偏角是不同的，而且，由于磁极也处在缓慢的运动之中，各地的磁偏角会随时间而改变。因指南针、磁罗盘易于测定磁偏角，且装置简单，所以磁偏角的发现和测定的历史也很早。1702 年，英国科学家哈雷发表了第一幅大西洋磁偏角等值线图，为航海导航

《梦溪笔谈》书影

元代指南针碗（针碗的水面上漂着浮针，碗内底的"王"字形标志则有助于辨别方向。先将王字中的细线与船身中心线对直，如船身转向，磁针和该细线便形成夹角，从而显示航向偏转的角度）

提供了新的重要指导。

指南针用于航海，首见于北宋末朱彧《萍洲可谈》（1119 年）卷二："舟师识地理，夜则观星，昼则观日，阴晦则观指南针。"稍后，徐兢《宣和奉使高丽图经》也称："惟视星斗前迈，若晦冥则用指南浮针，以揆南北。"

到了南宋咸淳时期（1265—1274 年），文献记载始见"针盘"之名，即将磁针与方位盘组成完整的指南工具，称"地罗"或"子午盘"。地罗盘面分度法仍采用汉朝地盘形制，这种针盘在南宋时已用于航海，史载观察针盘时已使用"正针"和"缝针"，凡磁针正指二十四方位时称为正针，而磁针指示两正针之间者称为缝针。这样就将原来的二十四方位扩大成四十八方位，从而提高了指向的精确度。

乘舟而惑者 见斗极则悟 ——过洋牵星术

中国自宋代起将指南针用于航海，以罗盘测定航向，这种航线称为"针路"。一方面，传统的航行靠观测星辰确定航向，这种做法被称为"牵星"（术）。过洋牵星术是观星定位技术的发展，是海船航行中重要的测向定位技术，天文导航与指南针导航的应用相结合，大大提高了航行的科学性和安全性，在历史上曾大大促进了远洋航行的发展。从《郑和航海图》可以看出，宝船从南京出发到苏门答腊观星导航在汉代即已出现，刘安《淮南子·齐俗训》中记载："夫乘舟而惑者，不知东西，见斗极则悟矣。"

唐代天文学家一行发明了一种仪器——复矩。测量时，只需将"复矩"直角尺的一边指向北极，另一边与悬拉直角顶点的重锤悬线间的夹角就成为北极地平的高度。宋代出现了一种称为望斗的仪器，李约瑟认为望斗是可以测量大熊星座的位置与高度的北斗七星观测仪。明代郑和下西洋时，郑和船队使用"牵星板"进行天体测量，现存的《郑和航海图》中有 4 幅《过洋牵星图》。

过洋牵星术需要测量所在地的星辰高度，然后计算出该处的地理位置，以此测定船只的具体航向。一种比较原始的方法是"裸掌测星"，即直接用手掌来衡量星斗高低。牵星板发明后，航海者主要使用牵星板来测量星体距离水平线的高度。根据明人李诩《戒庵老人漫笔》的记载，牵星板由 12 块方木板组成，最大一块边长约 24 厘米，次大的一块边长约 22 厘

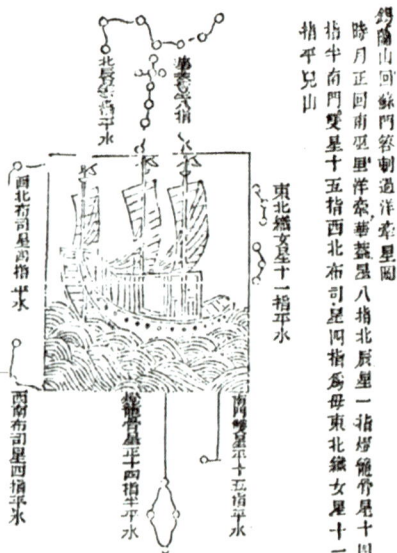

《郑和航海图》中的
《过洋牵星图》(之一)

米，依次递减，最小的一块边长约 2 厘米；牵星板的中心穿有一根绳子，绳长大约 72 厘米。测量时，观测者左手执板朝向星体，右手持绳，将穿在板中心的绳子拉直靠近眼睛，顺着牵星板上缘观测星体，下与水平线对齐，根据所需木板属于几指，就可以测出星体的高度。

郑和船队在太平洋和印度洋上纵横驰骋近 30 年，不仅开辟了横渡印度洋直达非洲，以及通往阿拉伯诸国的新航路，而且向南越过南纬 4% 以上，在印度洋和南洋的各个海域，分别开辟了多条新航线，对后代的印度洋和南洋航线有很大的影响。新航线的开辟有赖于郑和使团掌握的先进航海技术和所具有的海洋科学知识。其天文航海技术，已由以往海上对星象的占验，发展到牵星过洋，并以罗盘配给定向，测定针路，形成一整套先进的航海术。

《郑和航海图》中所注的过洋牵星数据及所附 4 幅《过洋牵星图》，为后世留下了中国最早、最具体完备的关于牵星术的记载。图为方形，代表一水平方框，分为南、北、东、西 4 边，共 4 向，上北下南，左西右东，基本上和今天地图的设计一致，4 幅图各有名称和图文，对本图用于何段航程，所牵星座名称及其高度，作了扼要的说明。郑和船队在过洋牵星时，常南北或东西两星并用，互相核对。最常用的是通过观测北辰星的海平高度，来确定在南北方向上的相对船位，探知船舶所在位置与地点、所过岛屿名称，以及礁险等情况；同时，又记下所经地点测定的罗盘所定方位和所取针路。郑和下西洋所用"海道针经"，就是船队在往返亚非诸国的路程中，不断探明海道而制定出来的。

郑和船队将航海天文学与地文航海技术相结合，大大提高了航行方位的精确程度。船队在驶往海外诸国途中，须穿越一些危险的海区，

《郑和航海图》（复原图，局部）

经认真地观察研究，已很好地掌握了印度洋上的季节风以及随之而发生的季节性海流流向的变化规律。船队一般在十月至翌年正月东北季风时节从国内启程；而在西南海洋季风到来的四月至六月从印度洋、南洋动身归国。因而船队往返皆处于顺风条件之下，可以最短的时间驶完预定的航程。

郑和宝船模型

二、造船与航海

中国古代造船技术长期领先世界，以"水密隔舱"和"多重桅帆"为标志。晋唐时期发明水密隔舱，欧洲到18世纪才应用该技术；船体设计在宋代已使用龙骨结构，"车船"安装脚踏轮桨，实现无风航行，宋代"福船"设尖底、高舵，能适应在深海航行；明代郑和宝船长约百米，载千人，采用九桅十二帆。

福船远航 勇闯沧海 —— 水密隔舱

船体的坚固耐用也是航行必备的要素。早在13世纪末，中国水密隔舱技术就由马可·波罗介绍到西方，18世纪末的1795年，英国海军总工程师塞缪尔·本瑟姆第一次采用中国水密隔舱技术建造新型军舰。从此，中国水密隔舱技术逐渐被世界各国的造船界普遍采用，对人类航海史的发展产生了重要影响。

中国古代的技术成就，除了众所周知的指南针、造纸术、印刷术和火药"四大发明"之外，还有丝绸、瓷器、建筑、造船等。在中国造船史上，有一项重要发明——水密舱壁，就是用隔舱板将整个大船舱分成若干个互不相通的独立小船舱。当船舶航行中发生触礁、碰撞等造成船壳破损时，即使某一船舱进水，也不至于波及其他船舱，从而大大提高了船舶航行的抗沉性和安全性。

据史载，中国最早出现带有水密舱壁的船大约在晋代义熙年间，当时卢循建造了一种"八槽舰"，专家解读是他利用水密舱壁技术将船体分解成了 8 个船舱。

有人提出，早在公元前 16 世纪的商朝甲骨文的"舟"字，即象征船，"舟"字中的横线则表示当时的水密舱壁技术。也有西方学者认为，水密舱壁技术源自中国人对竹子的观察，因为

宋代海船（泉州海外交通史博物馆展出）

193

宋代海船（泉州湾古船陈列馆展出）

竹子的每一节间都有一个节膜，比如美国科技史学家史密斯说："建造船底舱壁的想法是很自然的，中国人是从观察竹竿的结构获得这个灵感的，节膜把竹子分隔成多节空竹筒。由于欧洲没有竹子，因此欧洲人没有这方面的灵感。"这一说法得到了很多外国学者的认可。

古代，中国航海技术长期领先世界。对于构造水密隔舱的确切时间，从考古实物来看，至少起源于唐代。

1960 年，江苏扬州出土一艘唐代晚期的船，残长 18.4 米、最宽处 4.3 米、深 1.3 米，分为 5 个舱，除了在木板之间用油灰（桐油和石灰的混合物）填缝外，木料上原本有节疤和裂痕处，还用小块木片补塞。

1973 年，江苏如皋出土的唐船，属唐代早期制造，残长 17.32 米、最宽处 2.58 米、深 1.6 米，分为 9 个舱，船的两舷和隔舱板均用铁钉上下交叉，重叠钉合，这种钉合方式称为"人字缝"。木板缝隙中填有油灰，取得严密坚固的效果，增加了船舱的水密性。可见，中国造船最迟到唐初已经形成成熟的水密舱壁技术。

1974 年，福建泉州湾出土一艘宋代海船，共有 13 个船舱，船体上部已损，仅较好地保存了属于水下的部分，而这恰是船的关键部位，使人们可以了解该船的造型和结构特点。该船残长 24.2 米、残宽 9.15 米、残深 1.98 米，据此推算，其上部长度应在 35 米左右，排水量 400 吨上下，载重约 200 吨，属于宋代时期的小型海船。该船隔舱木板厚达 10~12 厘米。木板之间均以榫卯拼接，而隔舱板和船体则先使用扁铁和钩钉相连，再用桐油、石灰配成的填充料密封所有缝隙。这样的用材，以及密封技术，确保了隔舱的牢固耐用。

1982 年出土的泉州法石南宋海船中，钉与船板之间的缝隙用麻筋和桐油灰密封。由于水密隔舱的结构，使宋元的海船频繁扬帆大海，安全往返，备受所到国家的赞叹。

水密隔舱制造技艺至今传承于福建省的晋江与宁德地区，于 2008 年被列入第二批国家级非物质文化遗产"传统技艺"代表性项目名录；2010 年列入联合国教科文组织"急需保护"的非物质文化遗产名录。古诗云，"福船远航兴波澜，水路初开一缕香""莫道樯桅犹万丈，水密隔舱闯沧海"。

舵引航向　乘风破浪 ——转轴舵

清末学者俞樾有《舟中三君子诗》，写舵、篙、纤。第一首《舵》诗："路当平处能持重，势到穷时妙转移；只惜功多人不见，艰难惟有后人知。"此诗是借船行时舵所发挥的作用，指出人们在遇到艰难险阻时，要像舵一样拨正航向，劈波山，穿浪谷，向前驶行，哲理蕴藉，给人启迪。

舵是用来操纵和控制船舶航向的，一般位于船尾，又称船尾舵，它是中国造船技术领域的一项重大发明。船舵在商朝已经使用，其形制经历了几个阶段的演变。在舟楫活动早期，航向靠桨操纵，尾部的操纵桨因逐渐增大桨叶面积而演变成舵。

1955 年，广州东汉墓出土的陶船模型设有船尾舵。其特点是，舵杆位置在舵面中部，舵面呈不规则的四方形，但还不能沿垂直的舵杆轴线转动，这是一种原始形态的舵。东汉许慎所著《说文解字》和刘熙所著《释名》等，对舵都有解释，说明舵的应用在当时已相当普遍。

到唐、宋时期，船尾舵日臻完善和成熟。有的舵叶延展到舵杆之前，使舵杆前后的水压力比较平衡，从而让转舵省力，称为平衡舵。有一种开孔舵，其特点是舵面上开有许多小孔，如菱形的孔，也可以起到转舵更省力的作用，并且由于水的表面张力作用，也不会对舵的性能造成影响。有的舵加设悬舵索和绞舵装置，以便根据航道深浅调整舵叶入水深度，舵降下可提高舵效。后来，大型船舶增设了操舵装置，由滑车、绳索等组成。

唐代开元年间，郑虔的一幅山水画中展现了转轴舵的形象，它的特点是舵柱垂直入水，舵叶面垂直于水面，可以绕轴转动，这才是真正意义上的船尾舵。这说明最晚到此时，或者在唐之前，中国已经出现舵叶面绕轴转动的船尾舵。

北宋时期，转轴舵得到普遍应用。张择端在《清明上河图》中描绘的船舶尾部，全部使用了转轴舵，并且已经发展成为平衡舵。平衡舵的特点是舵力的作用点离转动轴更近，从而使转舵更为省力。由于船航行时水域深浅不一，后来又演变的升降舵，根据水深调整舵的高低位置，对大型舵可进行升降。西方的船尾舵安装在尾柱上，从13世纪开始使用，比中国晚5个世纪。

《清明上河图》（宋·张择端）中有平衡舵的船只

　　大船的尾部还可以修建舵楼，专门用来操
纵舵。古诗多有描述，如宋代叶梦得的《水龙吟·舵楼横笛孤吹》"舵楼横笛孤吹，暮云散尽天如水"，明代杨子善的《书怀》"舵楼空阔望京华，芦荻江枫岸岸花"，清代陈去病的《中元节自黄浦出吴淞泛海》"舵楼高唱大江东，万里苍茫一览空"。

当今一些浪漫的文学作品中也出现了"舵楼"一词，指的是塔形建筑物或城市中心的地标性建筑，给人以指路的作用。如堪舆家认为，镇海楼是广州古城的"舵楼"，这是因为古广州城就像一只大船，城中的花塔和光塔就像船上的桅杆。

三、造纸术与印刷术

西汉时期发明的麻纤维纸（灞桥纸），经东汉蔡伦改进工艺，用树皮、破布等制造出了价格低廉的"蔡侯纸"；到唐代，竹纸、宣纸提升了书写品质。8 世纪，造纸术经怛罗斯之战西传阿拉伯，12 世纪欧洲建立造纸厂。

北宋毕昇发明了胶泥活字，元代王祯创木活字转轮排字架。15 世纪，德国古登堡发明金属活字。

源自汉家昌盛时 敝麻旧絮化神奇 ——造纸术

在现代文明中，人类生活离不开纸——读书、看报、写字、作画、包装……各种各样的纸，早已成为人们不可或缺的日常用品。

在纸出现以前，我们的祖先最初是把文字刻在龟甲或兽骨上，叫作甲骨文。商周时代，人们又把需要保存的文字铸在青铜器或者刻在石头上，叫作钟鼎文、石鼓文。到了春秋末期，人们开始使用新的书写记事材料，叫作"简牍"，"简"就是竹片，"牍"就是木片。把文字写在竹片、木片上，比刻在甲骨、石头和铸在青铜器上，要方便、容易得多，但是却十分笨重。

战国时期名家代表人物惠施出门游学，随身携带的书简足足装了5辆马车，后人由此演化出"学富五车"的成语，形容一个人的学识渊博。史书记载，秦始皇每天批阅的竹简公文有120千克重。西汉时，东方朔上书给皇帝，竟用了3000根竹简，由两个身强力壮的武士抬进宫里，呈送给汉武帝。以上这些场景富于戏剧性，但的确是两千多年前的真实场景。

当时，缣帛也可用作书写材料。《墨子》曰："书之竹帛，传遗后世子孙。"但是缣帛价格昂贵，一般人用不起，就连孔圣人都说"贫不及素"。这里的"素"，指的就是缣帛。

随着生产的发展、社会的进步，我们的祖先不断地寻找新的书写材料，最终发明了理想的书写材料，那就是纸。

塘漂竹斩

乾熯火造

火足榶煮

纸墙覆覆

荡料入帘

中国古代造纸技术流程图

我国造纸术的发明，长期以来一直归功于东汉时的宦官蔡伦。《后汉书·蔡伦传》明确记载："自古书契多编竹简，其用缣帛者谓之纸，缣贵而简重，并不便于人。伦乃造意，用树肤、麻头及敝布、渔网以为纸。元兴元年奏上之。帝善其能，自是莫不以用焉，故天下咸称'蔡伦纸'。"

自此，人们常把蔡伦向汉和帝献纸的那一年——元兴元年，即公元 105 年，作为纸诞生的年份，蔡伦也因此被奉为造纸祖师，差不多所有产纸的地区都为他塑像建庙。日本等国家的造纸工人也奉蔡伦为"纸神"。蔡伦受到国内外人们的纪念和崇敬，蔡伦发明造纸术似乎也成定论。但是，自 20 世纪 30 年代以来的考古发掘实践，动摇了千余年来盛行的蔡伦发明造纸术的说法。

首先是 1933 年，考古学家黄文弼在新疆罗布泊汉代烽燧遗址发现了一片古纸，纸面可清晰见到麻，在同一遗址中还发现了汉元帝元年的木简，因此，该纸当为西汉时期的文物，比公元 105 年早了一个半世纪。

其后是 1957 年，在西安市东郊的灞桥出土了比新疆罗布泊的纸还要早约一个世纪的西汉初期的古纸，且有数十张之多，经中国科学技术史专家潘吉星的研究和分析化验，确认灞桥纸主要由大麻和少量苎麻的纤维所制成。在这之后，1973 年在甘肃居延汉代金关遗址、1978 年在陕西扶风中颜村汉代窖藏，也分别出土了西汉时的麻纸。再后是 1986 年，甘肃天水附近的放马滩古墓葬群出土了西汉初年文、景二帝时期（公元前 179—前 141 年）绘有地图的麻纸，这是目前发现的世界上最早的植物纤维纸。1990 年，敦煌甜水井西汉邮驿遗址发掘出了多张麻纸，其中 3 张纸上还写有文字。

以上事实有力地说明了，早在公元前 2 世纪的西汉初期，我国已发明了造纸术，而且当时造出的纸已经可以用于书写文字和绘图，这比蔡伦造纸的记录早了两三百年。东汉蔡伦虽然不是纸的最早发明者，但他改进了造纸技术，扩大了造纸原料的来源，把树皮、破布和渔网这些废弃物品都充分地利用起来，降低了纸的成本。尤其是用树皮做原料，是为原浆纸的先声，为造纸业的发展开辟了广阔的前景。

对东汉麻纸的质量所做的模拟实验表明，造出这样的纸至少要经过浸湿、切碎、浸灰水、蒸煮、洗涤、舂捣、再洗涤、打槽、抄纸、晒纸、揭纸等工艺。如果用渔网等作原料，还必须有碱液蒸煮这样加强腐蚀度和提升净度的工序，这正是后世的化学制浆技术的滥觞。因此，蔡伦作为造纸的监制者和推广者，其功亦不可没。

魏晋以后，纸逐渐取代帛简成为重复的书写材料。中国的纸与造纸术在公元 3 世纪—5 世纪先后传入越南、朝鲜、日本，8世纪传至西亚，12世纪传入欧洲。在18世纪以前，我国造纸术一直居于世界先进水平。

古有南北朝诗人萧察《咏纸诗》：

"皎白犹霜雪，方正若布棋。

宣情且记事，宁同鱼网时。"

今有王播春《纸》：

"源自汉家昌盛时，破麻旧絮化神奇。

纸张到处无孤岛，多少文明得以兹。"

隋唐雕版宋活字 沈括梦溪有笔谈 ——印刷术

雕版印刷术早在隋唐时期已经发明，活字印刷术则是在北宋庆历年间（1041—1048年）由毕昇发明。

沈括在《梦溪笔谈》中记载："庆历中，有布衣毕昇，又为活板。其法：用胶泥刻字，薄如钱唇，每字为一印，火烧令坚。先设一铁板，其上以松脂、蜡和纸灰之类冒之。欲印，则以一铁范置铁板上，乃密布字印，满铁范为一板，持就火炀之，药稍镕，则以一平板按其面，则字平如砥。若止印三二本，未为简易；若印数十百千本，则极为神速。"

《梦溪笔谈》具有世界性影响，日本、韩国和欧美各国汉学家都对《梦溪笔谈》进行过系统而又深入的研究，他们肯定了活字印刷术为中国千年前的伟大技术发明，对人类近代文化传播做出了重大贡献。西方活字印刷则始于德国人谷登堡（1397—1468年）于15世纪中叶发明的铅活字，比毕昇晚了400年左右。

关于记载活字印刷的诗词，从宋代诗人杨诚斋"巧制新牌近玉溪，打诗击鼓浪声齐。更携纤手明窗下，要与前人分韵题"，到近代学者史树青"读碑我慕杨观海，雕字双行是宋刊"，传承至今。

到了元代，农学家王祯又对活字印刷进行了创新和再发展。王祯于元贞元年（1295年）至大德四年（1300年）在安徽省旌德县当了6年县尹。王祯关心民生，注重农业经济。他在任上倡导农民种植桑麻黍麦，推广先进农具，后著《农书》22卷。因考虑该书字数太多，雕印工程浩大，其间便与工匠创制了3万多个木活字，并发明了转轮排字架，大德二年（1298年）用木活字排印了由他主编的《旌德县志》。全书6万多字，不到1个月的时间就"百部齐成"。这是世界上第一部用木活字排印的书。根据这次成功的实践经验，王祯写了一篇《造活字印书法》，并绘制了"活字板韵轮图"作为"附录"置于他的名著《农书》之后。在这篇文字里，王祯把他创制木活字的经过、发明转轮排字架及印刷方法作了总结，成为印刷史上的珍贵文献。

　　王祯的木活字印刷术包括创制木活字和发明转轮排字架两部分。木活字的制造，是先请书法高手写字样，糊于由梨木、银杏、杜仲等较好木质制作的字坯上，然后由雕工刻成阳文，修平待用。他所发明的木质转轮排字架装有转轮，上面有按韵存放活字的轮盘，排字时利用转轮，转动取字。这样，取字、还字"不劳人"，还能提高工作效率。在印刷前先排字，将木活字排好，用薄竹片隔行、摆平，楔紧固定，然后上墨铺纸，用棕刷刷印。

　　木活字印书在明清两代更加盛行。清乾隆

王祯木活字印刷示意图

三十八年（1773年），清政府曾经用枣木刻成约25.3万个活字，先后印成《武英殿聚珍版书》138种，计2400多卷。1620年，弗朗西斯·培根在其名著《新工具》中写道，"印刷术、火药和磁针的发明已经改变了整个世界的面貌""第一项发明表现在学术方面，第二项在战争方面，第三项在航海方面。以至于任何帝国、任何教派、任何名人对人类事务方面的影响似乎都不及这些发明更有力量"。

四、火药与火器

火药的发明缘于炼丹，唐代《太上圣祖金丹秘诀》中记录了硝石、硫黄、木炭的配比；北宋《武经总要》载"火药方"，制成火箭、霹雳炮；南宋"突火枪"为最早的管形火器；元明发展出铜火铳、多管火箭（"一窝蜂"）；明代"神机营"开火器部队之先河，装备三眼铳、佛郎机炮，《火龙经》则系统总结了火器战术。

13世纪，蒙古西征将火药传入阿拉伯，欧洲14世纪开始仿制火炮，骑士时代终结。

源头中国造 缘于炼仙丹 ——火药

众所周知，火药是中国古代"四大发明"之一。关于火药的诗句，自古就有唐苏味道"火树银花合"，宋朱淑

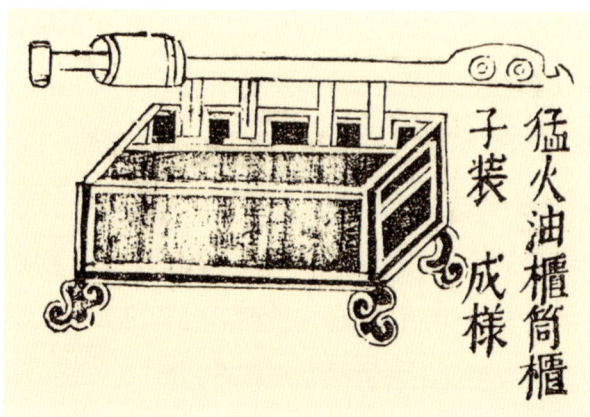

中国开采、利用石油已有2000多年的历史，但最初只是发现从浅露的油田中流出的石油，称之为石漆、火油、猛火油、石脑油等。宋代著名的科学家沈括将其定名为"石油"，并预言"后必大行于世"。在长期的使用过程中，人们渐渐了解了它"燃之如油，极明，但不可食"，以及"得水愈炽"等特性，并将之发展成为一种军事武器。"猛火油"作为燃烧性武器，据《武经总要》记载，这种装置是由熟铜打造的四脚方柜，可以注油3宋斤（1宋斤为600克），上设唧筒，用火药发火，喷出烈焰

真"火树银花触目红"，宋辛弃疾"东风夜放花千树""宝烟飞焰万花浓"，明刘绘"百枝然火龙衔烛"，主要是描述烟花的场景。

火药，顾名思义，应该是"着火的药"，触火即燃是它的主要特性，那又为什么叫作"药"呢？这要从火药的成分和我国发明火药的历史谈起。

我国发明的火药，现在叫"黑火药"，是由硝石、硫黄、木炭 3 种粉末按一定比例组成的混合物。硝石的化学成分为硝酸钾，它是一种氧化剂，加热时释放出氧气。硫和炭容易被氧化，是常见的还原剂。三者混合在一起燃烧，氧化还原反应激烈进行，放出大量热量并产生大量气体，体积急速膨胀，因而容易发生爆炸。

硝石和硫黄是我国古代常用的药物和炼丹物品。在我国最早的药物典籍《神农本草经》中，药物按照疗效和毒性分成上、中、下三品。硝石被列为上品药，硫黄被列为中品药。《史记·扁鹊仓公列传》中记载一位医生用硝石配合其他药料熬制一剂汤药，病人饮用后药到病除的事情。至于硫黄，《神农本草经》说它"味酸温，主治阴蚀、疽痔恶血，坚筋骨、除光头，能化金银铜铁"，是"奇物"。既然硝石、硫黄都是药，火药被称之为"药"也就很自然了。

中国医药学家们把硝石、硫黄分别用来治病，而炼丹术士们也开始了将它们混合起来炼制仙丹的实验。火药，是在炼丹炉中诞生的。

炼丹术大约产生于公元前 2 世纪的汉代。生活在汉魏之交时期的魏伯阳所著的《周易参同契》，是现在能见到的最早的炼丹书。炼丹家为了替封建帝王、达官贵人炼制长生不老的丹药，心无旁骛、专心致志地世代守候在炼丹炉旁。从魏晋南北朝一直到隋唐，炼丹家们在社会上都是非常活跃的群体。虽然因服用丹药而一命呜呼的事情不时发生，但长生不老的诱惑力实在太大，"有心栽花花不发，无意插柳柳成荫"，仙丹仍在虚无缥缈之间，火药却蓦然降临人间。

火药就是唐代炼丹家在师承前辈炼丹技术、创造和发展"伏火法"的基础上发明的。所谓"伏火"，就是把一些具有猛毒的药物，先采用火烘、煨、烧、灼的方法"驯服"一下，改变其易燃、挥发等固有性质，使其药性缓和，容易被控制。硝石和硫黄就常用伏火法处理。

宋时成书的《诸家神品丹法》已认识到把硝石、硫黄、木炭3种成分混合在一起，很容易着火燃烧，因此在伏火时采用挖地坑、四面填土的保护措施。约9世纪中叶成书的《真元妙道要略》，则记载了"以硫黄、雄黄合硝石，并蜜烧之，焰起烧手面及烬屋舍者"，可见当时炼丹家已熟知这类混合物燃烧爆炸的性能。但是，他们并没有意识到要主动利用火药燃烧爆炸性质，而是反复告诫人们，要牢记硝、硫、炭合炼时酿成火灾的教训，切莫引火烧身！

火药突破"药"的限制，用于军事之中，则是晚唐才开始的。北宋史学家路振《九国志》记载唐哀帝天祐初年，即10世纪初，有所谓"发机飞火"，这里应该指的是发射火炮。五代时，除火炮外，先人还制造和使用了火球、火蒺藜等火器。宋代是火药和火器早期发展史上的一个重要阶段，北宋政治家、军事家曾公亮的《武经总要》明确记载了 3 个火药配方，以及制成的火器性能和用途。这 3 个火药配方被公认为世界上最早记载下来的成熟的火药配方，它标志着火药发明阶段的结束，进入了实际应用阶段。

火药发明的关键在于对硝石的掌握。中国人应该说是最先掌握硝石知识的。1140 年，阿拉伯药物学家白塔尔写了《丹药大全》这本书，记录了 1400 种药，其中也讲到了硝石，这是阿拉伯文献中最早出现的有关硝石的记录。

因为纯净、洁白如雪的硝石来自中国，白塔尔给硝石取了一个十分形象的名字——中国雪。无独有偶，硝石传到波斯，波斯人则称它为"中国盐"，用它来炼金、治病和制作玻璃。直到 1225—1228 年，火药才由商人经印度传入阿拉伯国家。欧洲人，首先是西班牙人，在 13 世纪后期通过翻译阿拉伯人的书籍，才知道火药。主要的火药武器则是元代时传到阿拉伯人手中的；欧洲人又是在和阿拉伯人的战争中，接触了火药武器，并学会了制造火药。

火药和火器传到欧洲以后，在资产阶级革命中发挥的作用正如马克思所说："火药把骑士阶层炸得粉碎"。

火龙出水 势远有力 ——火器

　　火器的出现和发展离不开火药的发明，中国是世界上首先发明火药的国家，也是首先使用火器的国家。

　　公元9世纪末期，中国出现了黑色火药，此后火药开始应用于军事。唐哀帝时期，郑璠进攻豫章时曾经"发机飞火，烧龙沙门"，这是中国历史上第一次记载火药应用于军事。如当时具有爆炸性火器萌芽性质的"霹雳火球"，使用瓷片和火药混合，利用火药燃烧产生的火焰熏灼敌人以及爆裂散飞的热瓷片伤人。

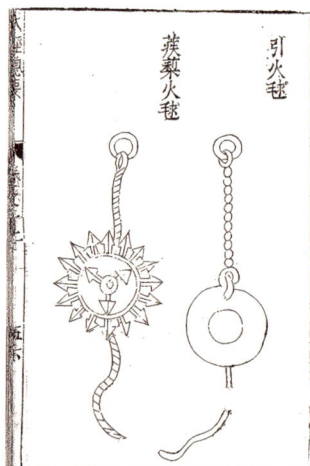

《武经总要》中记载的火器——火蒺藜与引火球

北宋时期的火器主要以燃烧性火器为主，此时火器仍处于初步发展阶段，典型的火器有火箭、引火球、火蒺藜、烟球、霹雳火球和毒药烟球等，由于火药性能的限制，这些火器使用火药与发烟、毒性药物混合制成，并主要利用手掷、弓、弩、抛石机等发射和投掷，使用时引燃火药使火器燃烧，利用焚烧、发烟等对敌人造成杀伤，但此时的霹雳火球已经有了爆炸性火器的萌芽。

南宋（1127—1279 年）时期，中国进一步创制了爆炸性火器，如金人侵宋时，曾在战争中得到了宋人的火器，并占据了当时生产火药和火器的汴京等地。13 世纪初期，金人发明了使用抛石机发射，内装火药的铁制外壳爆炸性火器，此后南宋也大量仿制，并称之为铁火炮（金人称震天雷）。铁火炮威力较大，除用抛石机发射以外，还可以从城墙上向下投掷，或使用铁线沿城墙吊下，到达目标后爆炸，杀伤威力较大。在金军的战斗中曾多次使用这种武器，南宋时期铁火炮发展更为完善，使用更为普遍，有铁壳重 5 千克、3.5 千克、3 千克、2.5 千克和 1.5 千克等多种形式。但此时的军用装备仍处于冷兵器和火器并用的时代，火器在战争中起一定作用，但是作战仍然以冷兵器为主要武器。

中国也是最早发明管型射击火器的国家。南宋绍兴二年（1132 年），陈规研制和使用了一种以竹为筒，内装火药点燃后利用火焰杀敌的长竹竿火枪。绍兴五年（1135年）又出现了一种将纸质火药筒绑扎在矛柄上可喷火杀敌的飞火枪。南宋开庆元年（1259年），出现了竹管突火枪，该火器利用竹管作为发射管，使用黑火药。

竹管突火枪已经具备了管形射击火器的"发射药、身管、抛射物"三要素，但是竹管承受高膛压的能力较弱，耐用性差，容易损坏，因此元代又出现了利用金属制造身管的火铳。到元朝后期，金属身管射击武器的使用已经形成了规模，至14世纪中叶，全国农民大起义推翻元朝统治时，金属身管射击武器的使用已经非常普遍。金属身管射击武器是火器发展史上的一项重大变革，从此火器开始向近代化枪炮发展，而冷兵器也开始逐渐被火器所替代。

元代铜火铳

明代（1368—1644 年）社会经济进一步发展并开始与外国进行科学技术的交流，再加上出于巩固统治的目的，火器尤其是管形射击火器得到了进一步发展，种类不断增多，质量不断提高，如郑和下西洋的战船编队中便装备了火铳和火箭。明初的管形射击火器主要以铁或铜制成，口径较大且身管较短，采用前装方法，火药和弹丸均由膛口位置装入，弹丸以石弹、铅弹为主，使用火绳发火，存在射速较慢、

《武备志》中记录的火器——飞云霹雳炮

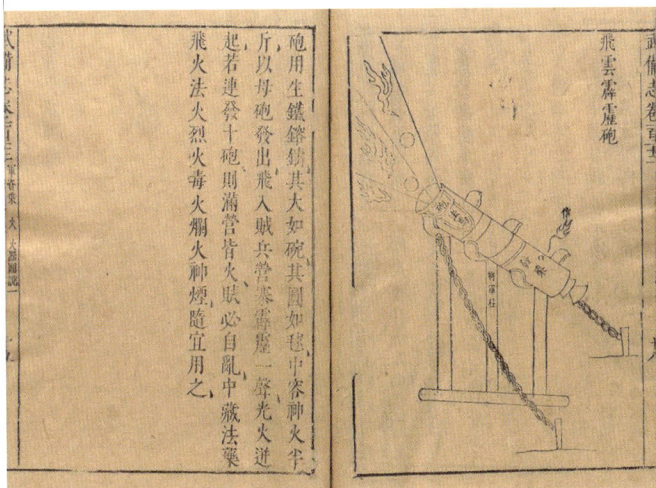

射程较近、没有自卫和近距离作战能力等问题。为了解决这些问题，提高管形射击火器的作战效能，明中叶以后逐渐发展出了两头铳和二眼、三眼、四眼、五眼、七眼、十眼等多管铳并尝试在铳身上安装刺刀。此外，明中叶以后，部分较大型的火铳发射的弹丸开始由实心弹发展到爆炸开花弹，当时的毒火飞炮、铁棒雷飞炮、飞云霹雳炮和毒雾神烟炮等都是发射爆炸开花弹，利用弹丸破片和伴随产生的毒火、毒烟对敌人进行打击。

16世纪末至17世纪初，欧洲来华传教士带来了欧洲火器制造技术，在客观上起到了科技交流的作用。徐光启等人对传教士带来的欧洲火器制造技术进行了研究译述，一定程度上推动了明朝火器的改良。明代爆炸性火器的发

清代鸟枪

展也比较完善，据史料记载，明代军队使用的地雷涵盖了拉发、绊发、机发、燃发等多种引爆方式，还出现了子母雷，此外还有炸弹和水雷等多种火器。

五、手工业技术

古代手工业涵盖制瓷、冶金等诸多领域，体现出了极致的中国工艺技术。唐代"南青北白"（越窑青瓷、邢窑白瓷），宋代五大名窑（汝窑、官窑、哥窑、钧窑、定窑），元代青花瓷融合钴料与透明釉技术，成为全球化商品。

中国生铁冶炼技术出现于春秋晚期，战国"铸铁柔化术"生产韧性铸铁，汉代"炒钢法"提升了铁器质量。而欧洲直到 14 世纪，在借鉴东方技术的基础上发展出高炉冶炼技术，15 世纪水力鼓风炉的应用才使生铁生产规模化。

颜彩釉浆塑中华 ——瓷器

历代文人这样赞美瓷器颜彩：陆龟蒙的《秘色越器》"九秋风露越窑开，夺得千峰翠色来"；杜甫的《又于韦处乞大邑瓷碗》"大邑烧瓷轻且坚，扣如哀玉锦城传"；杨万里的《烧香七言》"琢瓷作鼎碧于水，削银为叶轻如纸"……

瓷器制品是利用瓷土制成并施釉，经1200℃以上高温烧成的。大约在商代早期，中国古代先民在烧制白陶和印纹硬陶器的实践中，不断改进原料、提高烧成温度并在器表施釉，创造出了原始瓷器。

瓷器发展至东汉时期逐渐成熟。东汉晚期的瓷窑遗址主要发现于浙江上虞。在江西丰城、湖南湘阴等地，也发现了瓷窑遗址。当时，窑炉经过不断改进，温度提高到了1300℃，釉的工艺在不断发展中也日益从粗到精。与南方相比，北方地区烧造青釉瓷器起步较晚。隋唐时期，形成南方地区以烧造青釉瓷器、北方地区以烧造白釉瓷器为主的所谓"南青北白"的生产格局。宋元时期，瓷器发展形成了北方耀州窑、定窑、磁州窑、钧窑，以及南方景德镇窑、

"瓷"印（马国馨院士刻）

青花海水云龙扁瓶（明）

龙泉窑青瓷瓶（宋）

卵白釉瓷印花双龙纹高足杯（元）

龙泉窑、建窑七大窑系。青花瓷是在宋元青白釉瓷的基础上结合釉下钴蓝烧制而成，成为我国陶瓷史上浓墨重彩的一笔，对世界陶瓷的发展也具有重大影响。到了明代，五彩、斗彩等各色彩釉逐渐流行起来。明代江西景德镇已成为全国制瓷业的中心。清代继承发扬了明代传统的青花、五彩，并出现了绚丽多姿的粉彩、珐琅彩和古铜彩，还出现了多品种的单色釉。

中国陶瓷规模性外销始于唐代晚期，大发展并繁荣于宋元时期，在明清时期达到顶峰。外销瓷的身影遍布欧洲、非洲、亚洲、美洲。作为享誉世界的瓷都，江西景德镇也成了全世界制瓷人的向往之地。

玲珑剔透妙无比 ——琢玉

美玉的别称和雅称有很多，例如：琼、琳、瑜、璇、琪、璞、瑶、碧、瑰、翠、瑾等。不同工艺形态的玉有环（圆圈形的玉器），璧（扁平、圆形、中心有孔的玉器），瑱（古人垂在冠冕两侧用以塞耳的玉坠），琮（瑞玉，方柱形、中有圆孔，用为礼器、赘品、符节等），珰（玉制的耳饰）等。

现代矿物学上的玉器区分为软玉（透闪石、阳起石类）和硬玉（翡翠）。

　　《山海经》记载的中国玉石产地有 200 余处，但大多已无踪迹可寻。从古玉料的来源看，新疆和田、辽宁岫岩、河南南阳独山和陕西蓝田都是古代玉料的重要产地。

　　中国最早的玉器出土于内蒙古赤峰敖汉旗兴隆洼文化遗址和辽宁阜新查海文化遗址，以透闪石类材质为主，距今约七八千年。之后，东北的红山文化及长江下游的石家河文化、凌

红山文化出土玉器
（任南珍供图）

宋应星《天工开物》
"琢玉"插图

家滩文化和良渚文化等，将玉器制作推进到一个鼎盛阶段。

玉不琢，不成器。古代制玉技法，源于制作石器。切、磋、琢、磨是玉石器所用的工艺程序。切，即解料，解玉要用无齿的锯加解玉砂，将玉料分开；磋，是用圆锯蘸砂浆修治；琢，是用钻、锥等工具雕琢花纹、钻孔；磨，是最后一道工序，用精细的木片、葫芦皮、牛皮蘸珍珠砂浆，加以抛光，玉器便如凝脂般发出光泽。这套制玉技术，在商代已为工匠们所掌握。

现今的玉雕技法，大体还是采用切、磋、琢、磨四种方法。先秦称琢玉，宋人称碾玉，今称碾琢。

玉石雕刻工艺大致有以下几步：

相玉。琢玉工艺过程之一。从一块璞玉，到做成一件玉器，首先就是进行"相玉"。"相"即是"看"，看后琢磨思考，以判断玉石的内在质量，和外形的优劣，而后立意确定做什么题材的作品。

划活。就是根据所构思的形象，在玉料上用笔墨线条，把它形象地划（画）出来。

琢磨。就是指玉器的具体制作。制作玉器行话称"琢磨"。玉石琢磨，是一种十分谨严的技艺，高手琢磨的玉件，能达到"小中见大""以轻显重"的艺术效果。

碾磨。也叫"光亮""抛光"。将玉件琢磨的粗糙部位碾磨平整。并通过应用氧化铬等一些化学粉剂原料作介质，使玉件显露出玉材光洁、温润和晶莹的本质。

著名的工艺有：

双钩碾法。汉代琢玉著名技法。

两明造。在清代中期出现，纹饰镂空，正反相错，互相掩映，巧妙奇特。难度较大，做工精细。

金错玉。俗称"嵌金"，实为"金错"。

根据清代制玉工具的功能和用途，加工工具分为雕刻、打孔、抛光三类。

中国玉文化历史悠久，底蕴深厚，反映着丰富的社会价值、礼仪制度与艺术内涵，被视为"中国传统文化的标志"之一。

风箱推拉乾坤动 ——活塞风箱

风箱是锅灶的配套器具。风箱是靠人力推拉产生风力，在推拉的过程中，可把风送入灶底，使火旺盛，既省煤省柴，又增加火力。下雨天，柴火受了潮，生火比较困难，只冒烟不出火，这时候只要拉两把风箱，火苗就呼呼地蹿起来了。

风箱又称风匣，指鼓风吹火用的器具，类似于鼓风机，是过去农村家庭和铁匠铺不可或缺的用具。

我国民间流传着许多关于风箱的诗句，如"吐吞天地气，鼓荡宇宙风。翕张风云藏，推拉乾坤动。只求守烟火，矢志伴炉工。不为名声扬，盟誓追光明"。

我国古代鼓风设备的发展，经历了由皮囊到单作用木扇，再到双作用活塞式风箱的演变过程。在山东藤县东汉画像石上，有冶铁鼓风囊图像。木扇出现于唐宋或更早，其早期图像见于北宋《武经总要》和甘肃榆林窟西夏壁画。

明代宋应星在《天工开物》中绘制了熔炼金属和铸造金属器物的场景，其中多幅插图都表现了双作用活塞式风箱的使用。不同熔炼炉所用风箱的大小尺寸不同，有单人操作的小风箱，也有二三人操作的大风箱。

双作用活塞式风箱的箱体为木质，有方形和筒形两类。内部装置一块活塞板，箱内一侧下部有一个长方形风管，前、后开口都与箱相通，中间有一个向外的出风口。出风口内部的一个单页双置活门，可使出风口与方管的一半相通，阻断出风口与方管另一半之间的空气流动。在气流的推动下，方管两部分交替与出风口相通，活塞板做前后往复运动时，都可以将空气压出，从而实现连续鼓风。筒形箱体可将所受内部径向压力转化为切向拉力，从而承受更高的风压。其制作工艺有板材拼合加箍和原生树干整体加工两种。后者制成的箱壁没有接缝、受力均匀，承压能力进一步提高，常用水力驱动，为大型冶炼炉鼓风。

水排风箱

明代铸鼎用木风箱

活塞式风箱效率高、操作简便，在明清时期，它与木扇共同成为冶铸业主要的鼓风设备。直到20世纪，活塞式风箱仍然在我国乡村广泛使用，不仅用作手工业中的鼓风器，还普遍被家庭用作炉灶鼓风。随着时代的发展进步，人们的生活方式发生了很大的变化。鼓风机逐渐取代了风箱，家用鼓风机轻巧、省地方、效果却很好，风箱已经成了很多人儿时的记忆。

六、纺织

衣食住行，锦衣玉食。中国作为"丝绸之国"，早在新石器时代已有原始纺轮；商周出现提花技术；汉代马王堆素纱禅衣仅49克；到宋代，"缂丝"技艺以"通经断纬"织出书画的效果，"水转大纺车"通过水力驱动实现规模化生产；元代黄道婆革新轧花车、三锭纺车，推动松江成为棉纺中心；明清江南"资本主义萌芽"与纺织品商品化密切相关。

桑蚕吐丝化作茧 ——养蚕

小学时，我读课文《春蚕》，描写旧社会江南农村蚕农"老通宝"全家在乍暖还寒、春风料峭的时节，为夺取蚕事丰收竭尽心力，结果丰收却又欠债的悲惨故事，给我留下了深刻的印象。

　　著名作家茅盾对桑蚕的生动描述，让我对蚕宝宝的生长过程产生了浓厚兴趣，在家里养起了蚕。通过仔细观察和详细记录，我了解到桑蚕具有吐丝的习性，桑蚕的一生需经过卵、幼虫、蛹、成虫四个阶段，幼虫期只摄食桑叶，为后期吐丝结茧成蛹和成虫的生命阶段储存充足的营养。当时，在父母和老师的帮助下，我还画了蚕宝宝生长流程图。后来，我在子女和孙子的小学课本中也看到了《春蚕》，他们也在家养蚕、画图，我也因此了解了更多关于桑蚕的起源和养殖的科学知识。

　　原来，桑蚕起源于中国，由古代栖息于桑树的原始蚕驯化而来，古史中有伏羲"化蚕"、嫘祖"教民育蚕"的传说。"先蚕娘娘"嫘祖，是中国古代神话中的人物，为西陵氏之女，轩辕黄帝的元妃。嫘祖生玄嚣、昌意二子，其后五帝中的帝喾、颛顼都是黄帝和嫘祖的后代。嫘祖发明了养蚕，史称"嫘祖始蚕"。

　　新石器时代的考古发现表明，在距今 5000 多年前，先民就已经开始养蚕。河南省荥阳市青台村仰韶文化遗址出土的丝织物，其年代可追溯到距今 5500 年左右。浙江湖州钱山漾遗址（距今约 4000 年）出土的绢片、丝线和丝带，以及山西夏县西阴村仰韶文化遗址（距今约 6000—5600 年）出土的半颗蚕茧，也都为养蚕的起源提供了直接证据。

周代，养蚕已有专用蚕室。公元 3 世纪后期，出现了小蚕恒温饲养，说明当时对于蚕的生长与温度之间的关系已有一定认识。直到元代，《士农必用》对蚕生长的各阶段所需的温度和湿度才有详细说明。晋代对于蚕的微粒子病和软化病已有所认识，时称"黑瘦"和"伪蚕"。北魏贾思勰《齐民要术》中记载，人们从种茧选择和盐腌贮藏等方面来防治蚕病。宋元时期，对于蚕病的防治更进一步，贮茧方法也出现了日晒和笼蒸。与此同时，作为防治蚕病主要手段的浴蚕方法也得以改进，早期浴蚕主要在河水中进行，宋代出现了朱砂温水浴法，元代出现天浴，利用低温择优汰劣。明代有天露、石灰水、盐水浴种等方法，并采用杂交方法培育优良品种，以提高蚕的防病能力，这是养蚕技术上的一大创造。

我国养蚕技术长期处于世界领先地位，为世界蚕业发展作出了巨大贡献。公元前 11 世纪，养蚕技术传入朝鲜，随后传入日本。秦汉以后，我国的养蚕技术沿丝绸之路传入中亚、南亚及西亚地区。公元 6 世纪中叶，拜占廷帝国（即东罗马帝国）通过印度僧侣从我国私运蚕种回国，是为西方蚕业之始。我国的养蚕技术通过丝绸之路西传，成了化干戈为玉帛的和平使者。

目前，我国南方太湖流域、四川盆地和珠江三角洲是我国著名的三大桑蚕基地。

桑蚕产业的现代化，自 2000 年由向仲怀、杨焕明等人以西南农业大学（现西南大学）、华大基因的名义，联合提出《21 世纪中国的现代丝绸之路——"关于推动中国家蚕基因组计划"的项目建议书》以来，又于 2004 年绘制完成了家蚕基因组框架图，其研究成果发表于《科学》，建立了世界上最大的家蚕基因表达序列标签数据库。2022 年 10 月，西南大学发布最新研究成果——完成家蚕大规模种质资源基因组解析（千蚕基因组），在全球首次绘就家蚕超级泛基因组图谱，并率先实现了家蚕这个物种的遗传信息的数字化——"数字家蚕"，发展前景广阔。

春蚕和桑叶

《蚕织图》（局部，宋·梁楷）

蚕茧抽丝织四海 ——缫丝

"缭绫缭绫何所似？不似罗绡与纨绮。应似天台山上月明前，四十五尺瀑布泉。中有文章又奇绝，地铺白烟花簇雪……"这是我上中学时读到的白居易《缭绫》中的诗句，情景交融，令我难以忘怀。

我国的绫罗绸缎都是丝织品，通过丝绸之路远播中亚西欧，享誉世界。今天，当我们回顾我国缫丝技术的发展历程时，就会发现科技

"春蚕"印（马国馨院士刻）

的力量是如此令人动容。

缫丝是将蚕茧抽出蚕丝的工艺。蚕丝的主要成分是丝素和丝胶。丝素是蚕丝的主体，丝胶则是包裹在丝素外表的蛋白质。丝素不溶于水，丝胶易溶于热水。缫丝便是利用丝素和丝胶的这一差异，经煮茧、索绪、理绪、集绪等工序生产出供织造所用的经、纬丝线。

我国是最早利用蚕茧抽丝的国家。河南省荥阳县青台村仰韶文化遗址出土了丝织物残片，从纤维来看，丝的投影宽度有三种规格：0.2 毫米、0.3 毫米和 0.4 毫米，且都为长丝，说明是用蚕茧进行多粒缫制而成，年代可追溯至距今 5500 年左右。这是目前发现的最早的丝织物，证明在距今 5000 多年前，缫丝工艺就已经出现了。

到商代，缫丝技术已是相当成熟。水温是缫丝时非常重要的工艺参数，至迟在宋代，人们就总结出了缫丝时煮茧的温度控制方法。宋代以后，出现了将煮茧与抽丝分开的"冷盆法"，这是相对于通常从煮茧锅中直接抽取茧丝的"热釜"而得名。这种方法虽然速度较慢，但质量高，在明代以后成为缫丝技术的主流。

目前所知最早的缫丝工具，是带有"繭（茧）"铭文的商代青铜甗。甗是一种蒸器，下为三足，上呈锅形，中间有带孔的隔层，缫丝时正好可以将茧子挡在上面不至于沉到足袋。甗上安放木架，木架上可以同时抽两绪丝，然后将抽出的丝卷绕于丝籰上。秦汉时期，手摇缫车已经开始推广。到宋代，脚踏缫车已在全国范围内普遍使用。那时的缫车与近代杭嘉湖地区保存的丝车已无区别，即有机架，用以支撑丝籰，籰靠一脚踏曲柄连杆机构带动，络绞机构使在一定范围内来回摆动卷绕生丝。

作为丝绸生产过程中一个非常重要的工艺环节，缫丝的出现，是丝绸技术起源的关键。公元4世纪左右，我国的养蚕和缫丝技术传到日本。6世纪中叶又逐渐传到欧洲，此后，意大利和法国开始了养蚕和缫丝活动。

随着近代工业革命的兴起，西方缫丝产业实现了以蒸汽为动力的机械化生产。清咸丰十一年（1861年），上海怡和洋行纺丝局从法国和意大利购买缫丝机器设备，首建以蒸汽为动力的近代缫丝厂。随后，机器缫出的丝（俗称厂丝，质量较土法缫丝为优）逐步取代土丝。20世纪30年代初，环球铁工厂试制成功国内最早的立式缫丝车。

蚕桑丝绸业是我国传统民族产业、重要民生产业和国际竞争优势产业，因此受到高度重视。2024年9月25日，工信部等六部门印发的《蚕桑丝绸产业高质量发展行动计划（2025—2031年）》，提出了实现种桑养蚕规模化、丝绸生产智能化、综合利用产业化的要求。

我国桑蚕丝绸产业基础扎实，丝绸消费习惯由来已久，未来在丝绸原料生产、丝绸装备研发制造、丝绸产品创意设计等方面，还有更大的拓展空间。

《蚕织图》（局部，宋·梁楷）

信息存储始编程 ——提花机

　　提花机能够储存提花信息，在织造有花纹的纺织品时，将提花信息用安装在织机上的装置储存起来，就可以循环利用这种具有记忆的开口信息，织出一批批精美的丝绸制品。这如同今天的计算机程序，编好程序之后，所有的运作都可以重复进行。这是世界纺织技术史上超前的重要发明，充分体现了中国古代科技的优秀基因。

"丝"印（马国馨院士刻）

　　在提花机出现之前，织物上的花纹要通过挑花来完成。挑花的方法有两种：挑一纬织一纬，或者挑一个循环织一个循环。无论哪种方法，挑花的信息都不能有效贮存并反复利用，在织造重复花纹时需要重新挑花，费时费力。

为此，中国古代很早就发明了花本式提花机。"花本"是程序化纹样模板，类似现代的打孔卡，其核心是通过程序化地控制经线、纬线的交织方式，实现经纬精准交织，织造出复杂花纹的丝织品。提花机的发明使纺织品从单一色彩或简单几何纹样发展为繁复的写实图案，如云纹、龙凤、花鸟等，极大提升了丝绸等织物的艺术价值。这一发明不仅推动了中国丝绸文化的繁荣，更对世界纺织技术发展产生了深远影响。

提花技术萌芽于商周时期。河南安阳殷墟出土的青铜器上残留的丝织物痕迹显示，当时已能织出简单的几何纹样。随着丝绸需求的增长，战国至汉代提花机逐渐成熟。通过东汉王逸《机妇赋》对提花机的形象描述，可以大致了解到汉代提花机及所织织物的一些信息："方圆绮错，极妙穷奇，虫禽鸟兽，物有其宜。兔耳跧伏，若安若危。猛犬相守，窜身匿蹄。高楼双峙，下临清池。游鱼衔饵，瀺灂其陂。鹿卢并起，纤缴俱垂。宛若星图，屈伸推移。一往一来，匪劳匪疲。"这是一种"综蹑提花机"，通过脚踏（蹑）控制经线分层，配合提综装置形成花纹。古诗有曰："十里荷花云锦机，鸳鸯相对浴红衣。"诗中的"云锦机"就是提花机，因为云锦是提花丝织物，可让人联想到当时提花机在织造时美轮美奂的场景。

2013 年，四川成都老官山汉墓出土的四部织机模型，是迄今发现的世界上最早的提花机实物。它们由竹木制成，结构复杂，部件上残存有彩色丝线。经研究，这四部织机总体称一勾多综提花机，根据传动机构的不同，又可分为滑框式一勾多综提花机和连杆式一勾多综提花机两种类型。

三国时期，机械制造家马钧改进提花机，将原需 50 ～ 60 蹑的机器简化为 12 蹑，大幅提

花楼机（《天工开物》）

南京云锦妆花机

升了效率。

唐宋时期，提花机进一步的发展可织出更复杂的纹样，如唐代的"陵阳公样"和宋代的重锦、缂丝，均可依赖提花技术实现。

元代棉纺织家黄道婆将提花技术应用于棉布，推动了江南棉纺织业的发展。

明代宋应星在《天工开物·乃服》中详细描绘了提花机的结构，其核心是"花楼"装置：由两人配合操作，一人负责提拉"花本"，另一人投梭织纬，实现"一纵一横，千变万化"的图案。《天工开物》中有关于提花机样式与全图的详细记载。提花机的发展顶峰是大花楼机，大花楼机可以织造出不同规格、纹理丰富的织物。

提花机技术通过丝绸之路西传。6世纪，波斯商人引进中国提花机。12世纪，意大利卢卡、威尼斯等地出现仿制中国提花机的丝织工坊。

18世纪末，借鉴花楼机上挑花结本的提花原理，法国人贾卡制成了用打孔的纸版和钢针来控制提花纹板的提花机，成为现代计算机编程的雏形。

马克思在《资本论》中指出："提花机是蒸汽机发明前最复杂的机器"，其自动化思想为欧洲工业革命提供了关键启发。

提花机不仅是纺织工具，更是古代编程思维与机械智慧的结晶。它使中国丝绸成为奢侈品，塑造了"丝国"的文化符号，同时其技术逻辑深刻影响了现代信息技术的底层逻辑。这一发明充分体现了中国古代"技以载道"的科技哲学。

四川成都"蜀锦织造技艺"、江苏南京"云锦织造技艺"等提花工艺被列入联合国非物质文化遗产名录。故宫博物院等机构通过数字技术复原古代提花纹样，传统纹饰在现代设计中焕发新生。如今，提花技艺仍在传统与现代的交织中传承，成为中华文明创新精神的永恒象征。

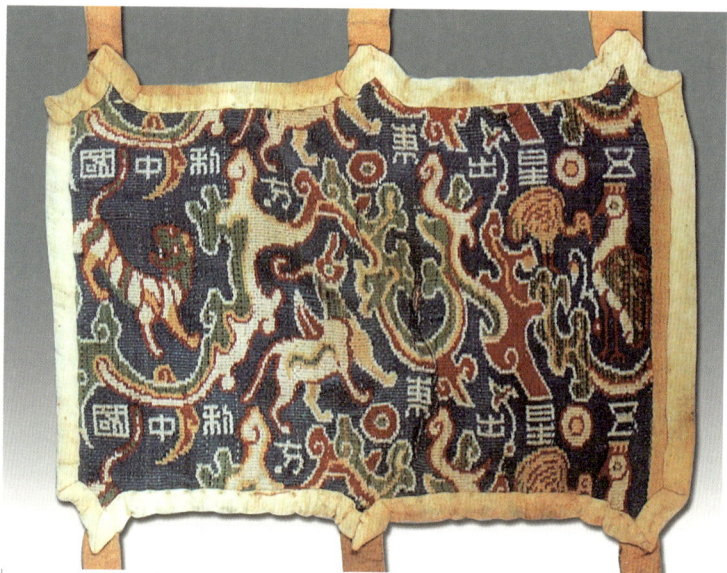

现代利用束综提花机复制的汉锦"五星出东方利中国"

织为云外秋雁行 ——锦衣

纺织技术作为盛唐文明的优秀组成部分，不仅推动了东西方文明的交流，也在融汇外来文明精华的同时得到丰富和提高。隋唐染织工艺和纹样异彩纷呈，风格宽宏博大、气象万千。在织锦、织绫、染缬工艺等方面，取得了高度成就。

隋朝和唐朝前期的织锦仍承袭汉魏，以经

锦居多。唐中叶武则天当政前后，经锦大多过渡为纬锦。纬线显花的长处在于可灵活变换织花色丝，彩纬外观瑰丽多彩，花纹清晰艳丽。从阿斯塔那唐墓出土的大量织锦看，既有经锦，又有纬锦。日本正仓院、法隆寺等处保存的唐朝织锦中，也有不少纬锦。隋唐织锦纹样是民族文化与外来文化交汇融合的产物，如卷草纹、忍冬纹为古希腊罗马特征纹样，不晚于汉朝，唐朝印花有凸版印花及碱制拔染印花两种。

五代虽然短暂，但在纺织史上却是重要的历史阶段。由于唐末五代战乱的影响，大批百姓及工匠南下避乱，丝绸业的重心逐渐从黄河流域转移到长江流域，北方纺织业渐趋衰落。当时的南唐、吴越、前蜀、后蜀等地，"旷土尽辟，桑柘遍野"，浙江、四川等地每年向北方输出的各类丝绸都达几十万匹。

五代织锦传世不多。1978 年，在苏州虎丘云岩寺第二层塔心窟中发现五代织锦和绣绢。织锦为纬锦，纹样有孔雀宝相花及云纹瑞花。云纹瑞花以变体雪花为主体，配以方纹、海棠，色彩由藏青、淡蓝、白色相配，调和明快，花纹细小，是五代时期南方流行的花样。

唐宋时期，随着社会的稳定与经济的强盛，纺织业也迎来了繁荣发展的局面。陕西扶风法门寺唐塔地宫出土了大量来自唐代宫廷的纺织品，涵盖了锦、绫、罗、纱、

红地花鸟纹锦
（阿斯塔那墓群出土）

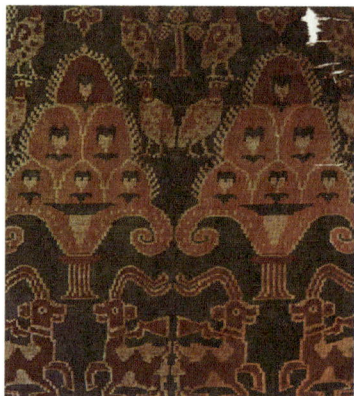

绿地对羊对鸟灯树纹锦
（阿斯塔那墓群出土）

绢、刺绣、绣加绘、印花和编织九大类。其中，织金锦与蹙金绣衣物代表了唐代丝绸织造的最高水平。

江西赣州慈云寺塔暗龛内发现了北宋前期的纸绢书画。这些文物出土时，碎成残片，板结、粉化严重，从中成功拼出60多幅宋初画作。斗宿女仙像便是其中之一。该画绢本设色，所画女仙皆长披背发，着白色长袖交领袍、曳地长裙、红色笏头履，为研究北宋前期的服饰与画风提供了重要的实物资料。

元明以后，中国的纺织技术不断创新发展，更趋高超。河北隆化鸽子洞洞藏遗址出土了51件（套）元末丝织绣品，所用材料涵盖缎、绢、纱、罗、锦、织金锦等多个品种。洞中发现的"褐色地鸾凤串枝牡丹莲纹织成锦被"为研究中国古代缎纹织物的发展演进提供了重要资料。明定陵中出土了128件孝靖皇后的随葬丝织品，其中最著名的是一件百子衣。百子衣在红素罗地上满绣几何纹作绣地，其上再绣金龙、花卉、百子等纹样。该衣所用刺绣针法多达十几种，是集各种刺绣工艺之大成的精品，代表了明代刺绣服饰的最高工艺水平。

现存最早的有关纺织技术的记载见于《周礼·考工记》，其中详细记载了古代纺织品丝、麻的练染工艺。此后，北魏贾思勰的《齐民要术》中记载了许多有关纺织原料的生产技术，特别是蚕桑技术。《农桑辑要》是元朝司农司所撰，全书七卷，其中卷三、卷四专论栽桑、养蚕。在缫丝篇中指出："生蚕缫为上，如人手不及，杀过茧，慢慢缫。杀茧法有三：一曰晒；二盐邑；三蒸，蒸最好。"等，这是对劳动经验的科学总结。明朝宋应星的《天工开物》是全面论述明末以前农副业和手工业生产技术的百科全书式的巨著。这本书曾先后被译成日文、法文和英文，流传国外。该书"熟练"一节中就论述了用猪胰（生物酶）脱胶的方法："凡帛织就，犹是生丝，煮练方熟"。明代著名科学家徐光启的《农政全书》，书的"蚕事图谱"中有缫车图说，"桑事图谱"中有丝织准备和提花机及绢纺图说。《豳风广义》是一部以蚕桑丝为中心内容的农副业生产技术书。作者是清代杰出的农学家杨屾。该书对种桑、养蚕、缫丝等做了透彻的阐述，注重实用，是一部难得的适用于北方的农林副业专著——于农业紧密联系是中国古代纺织的一个特点。

中国丝绸博物馆展览《锦程：中国丝绸与丝绸之路》

七、机械制造

在天文仪器制造方面，东汉张衡发明了"水运浑象"；北宋苏颂"水运仪象台"集观测、演示、报时于一体，被誉为"世界最早天文钟"。

在农业机械方面，汉代杜诗发明水排（水力鼓风机）；三国马钧创制翻车（龙骨水车）；元代王祯《农书》论述了农具与农业机械的发展情况。

地动陇西起 长安觉已先 ——地动仪

地震，又称地动、地振动，是地壳快速释放能量过程中造成的振动，其间会产生地震波的一种自然现象。地震常常造成严重房屋倒塌、人员伤亡，能引发海啸、滑坡、山体崩塌等次生灾害。

早在 3000 年前，《诗经·小雅·十月之交》里的诗句形象描述了地震带来的巨大破坏性："烨烨震电，不宁不令。百川沸腾，山冢崒崩。高岸为谷，深谷为陵。哀矜之人，胡憯莫惩？"

地球上每天要发生上万次的地震。其中绝大多数地震由于震级太小或震中太远，以至于人们感觉不到，必须用地震仪才能记录下来；不同类型的地震仪能记录不同强度、不同远近的地震。

东汉时期地震异常高发。从公元 92 年起短短 30 多年间，东汉共发生 26 次破坏性较大的地震，灾异频仍导致人心惶惶、政局不稳。在这样的时代背景下，张衡于公元 132 年创制了地动仪，为中国古代科技史写下光辉而神秘的一页。

史载东汉阳嘉三年（134 年），陇西汉阳（今甘肃天水）发生地震，距其震中 500 千米的长安，通过张衡创制的地动仪测出了地震信息。在那个以驿马为信息传递手段的时代，对于一个幅员辽阔的国家而言，张衡地动仪利用地震波作为信息载体实现了地震灾害监测的革命性创新。近代著名地学家翁文灏的诗词准确地指出了张衡地动仪的这一重要意义："地动陇西起，长安觉已先，微波千里发，消息一机传。"

1951 年，我国著名博物馆学家、古代科技史学家王振铎根据古籍《后汉书·张衡列传》记载的候风地动仪和《后汉纪》《续汉书》等记载，首次复原了张衡发明创造的测定地震源的地动仪。

地动仪的内部结构很精巧，主要是中间的"都柱"（类似惯性运动的摆）和它周围的"八道"（装置在摆的周围和仪体相接连的 8 个方向的 8 组杠杆机械）。外面相应设置 8 条龙，盘踞在 8 个方位上。每个龙头的嘴里含有一个

张衡地动仪王振铎复原模型

张衡地动仪冯锐复原模型

小铜球，每个龙头下面都有一只蟾蜍张口向上。如果什么地方发生了强烈的地震，传来地震的震波，"都柱"侧偏触动龙头的杠杆，使处在那个方位的龙嘴张开，铜球便掉在下面的蟾蜍口里。这样，观测人员根据铜球"震声激扬"知道哪个方位发生了地震。

张衡地动仪为现代地震学的起步积累了实践经验并奠定了思想基础。为了直观地展现这一历史成就，多国先后进行过复原研究，国内外曾提出过 13 种模型，但仅作为概念性推测并不能验震。其中，流传最广的就是王振铎复原的地动仪模型，陈列在中国国家博物馆。

2004 年，中国地震局和国家文物局的专家们开展了科学复原，通过缜密的史料研究和严格的地震学试验，揭示出地动仪的工作原理是悬垂摆，由地震面波触发，共振起到放大作用，还确立了地动仪的基本形制。新的复原模型已具验震功能，重现了陇西地震的反应现象，确认了史料记载的可靠。这些复原研究，不断地提高和深化了后人对张衡地动仪的科学认识。

作为东汉时期杰出的天文学家、数学家、发明家、地理学家、文学家，张衡在天文学方面著有《灵宪》《浑仪图注》等；数学著作有《算罔论》；文学作品以《二京赋》《归田赋》等为代表，与司马相如、扬雄、班固并称"汉赋四大家"。张衡为中国天文学、机械技术、地震学的发展做出了杰出的贡献，发明了地动仪、改进浑天仪，成为东汉中期浑天说的代表人物之一。由于他的贡献突出，国际天文学联合会将月球背面的一个环形山命名为"张衡环形山"，太阳系中的 1802 号小行星命名为"张衡星"。后人为纪念张衡，在河南南阳修建了张衡博物馆。郭沫若评价他为"如此全面发展之人物，在世界史中亦所罕见，万祀千龄，令人景仰"。

光阴随水流 观天向自然 ——水运仪象台

在机械的发展方面，当历史的脚步进入公元后，中国机械方面的发明创造进入了黄金时代，涌现出一批卓越的发明家。机械发明和工艺技术种类多、涉及领域广，古代中国涌现出一批卓越的发明家。从东汉到宋元时期，中国长期拥有世界上水平最高的机械技术。

郑和船队航行时间之长、规模之大、范围之广，达到了当时世界航海事业的顶峰。这也反映出中国当时的制造水平。

11 世纪，中国北宋的天文学家苏颂制作了一台集观测天象、演示天象、计量时间和报告时刻的机械装置于一体的综合性观测仪器，但具体的制作没有流传下来。我国古代有着许多的计时工具，如圭表、日晷、漏刻等，但它们都不能被称为机械装置。中国古代真正意义上的机械钟只有宋代建造的水运仪象台。水运仪象台的构思广泛吸收了以前各家仪器的优点，尤其是吸取了北宋初年天文学家张思训所改进的自动报时装置的长处；在机械结构方面，采用了民间使用的水车、筒车、桔槔、凸轮和天平秤杆等机械原理，把观测、演示和报时设备集中起来，组成了一个整体，成为一部自动化的天文台。整个机械轮系的运转依靠水的恒定流量，推动水轮做间歇运动，带动仪器转动，因而命名为"水运仪象台"。

桔槔

走马灯

水运仪象台

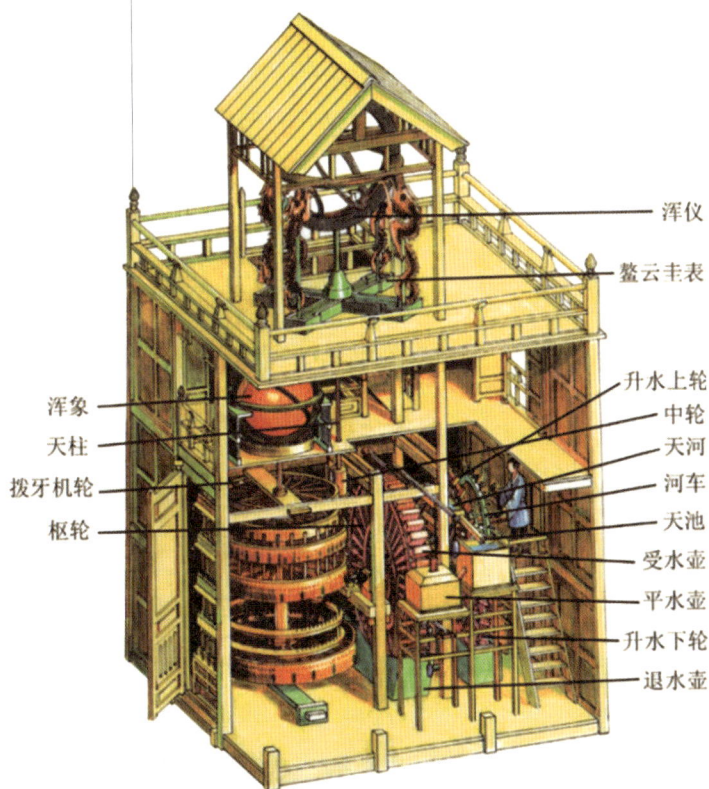

浑仪

鳌云圭表

浑象
天柱
拨牙机轮
枢轮

升水上轮
中轮
天河
河车
天池
受水壶
平水壶
升水下轮
退水壶

251

他在设计之初，首先是罗致人才，启奏录用了掌握机械工程技术的韩公廉，然后组织天文研究机关太史局中的官员和年轻生员通力合作，从宋哲宗元祐元年（1086 年）开始设计，到元祐三年，先后制成小样、完成大木作的工程。绍圣元年至三年（1094—1096 年），撰成《新仪象法要》。该书图文并茂，有工程图、星图等 63 种，保存了全部做法，同时也反映了宋代工艺科学的水平。

水运仪象台高约 12 米，宽约 7 米，是一座上狭下广、呈正方台形的木结构建筑。全台共分 3 层。①上层是一个露天的平台，设有浑仪一座。浑仪上面覆盖有遮蔽日晒雨淋的木板屋顶，为了便于观测，屋顶可以随意开闭。露台到仪象台的台基有 7 米多高。②中层是一间没有窗户的密室，里面放置浑象。天球靠机轮带动旋转，一昼夜转动一圈，真实地再现了星辰的起落等天象的变化。③下层包括报时装置和全台的动力机构等。机械传动装置是水运仪象台的心脏。用漏壶的水冲动机轮，驱动传动装置，各个报时装置便会按部就班地动作起来。因擒纵器的控制、输出等间歇运动，使整个仪器运转均匀。传动装置中除使用了齿轮外，还是世界上首次使用链传动。下层中安排有百余个小木人，它们各司其职：每到一定的时刻，就会有木人自行出来打钟、击鼓或敲打乐器。报时装置不仅可以显示时、刻，还能报昏、旦时刻和夜晚的更点，与欧洲后来出现的报时钟十分相似。

　　其中，水运仪象台动力系统的核心与欧洲 17 世纪出现的锚状擒纵器在设计原理上非常相似，以至于李约瑟认为水运仪象台"可能就是欧洲中世纪天文钟的直接祖先"。当代的欧洲科技史学家也认为苏颂创制的水运仪象台是欧洲天文钟的先驱，早于西方数百年。

第四章 中国古代工程设计与施行

一、水利工程

治水兴农，贯通南北。中国古代水利工程多利用地形地势，以灌溉、防洪、漕运为目标，推动了农业文明发展，成为农业社会的命脉。

旱则引水浸润 雨则杜塞水门 ——都江堰

都江堰是中国古代综合性大型水利工程。是世界上存续时间最长的无坝引水工程。位于四川省都江堰市境内，岷江中游。

秦惠文王九年秦灭蜀国置蜀郡，治成都。蜀地成为秦统一六国的后方。为支持秦兼并楚国的战争，沟通成都平原与岷江、沱江和长江的水路交通，将蜀郡粮食、兵源运至长江中游,秦昭王末年蜀守李冰凿离堆,开凿成都一带的江水,修建了都江堰。都江堰是天人合一的水利工程典范。

都江堰为原本无稳定水道的成都平原提供了完善的河流水系,所有的河流因此具有了灌溉、供水、水运、行洪等多方面的效益。由于都江堰提供的稳定且充足的水源保障,自汉代以来成都平原就是西南重要的农业经济区,号称"天府之国"。都江堰之名最早在宋代见于文献,先后有金堤、都安堰、湔堰、侍郎堰或楗尾堰等称谓。

早期的都江堰有导流堤(称堋或金堤)、进水口(即离堆形成的宝瓶口)、水则(石人)等工程设施。经后代不断完善,至迟在唐代,完善的工程体系已经形成,由分水导流工程(鱼嘴、金刚堤)、节制工程(飞沙堰和人字堤)和宝瓶口(进水口)3大主体工程组成。

都江堰工程技术体现了因地制宜、因势利导的特点。鱼嘴布置在岷江江心洲的顶端,自此岷江分为内江和外江。内江通过飞沙堰、人字堤和宝瓶口控制引水量并排走大部分沙石。内江在宝瓶口以下约1千米处分为蒲阳河和走马河,两条干渠分出的大大小小的河堰涵盖成都平原14县。外江为岷江水道,汛期以行洪为主。右侧河岸有多处分水鱼嘴,是外江干渠沙沟河和黑石河的引水口,外江灌区包括今都江堰市、崇州、新津。

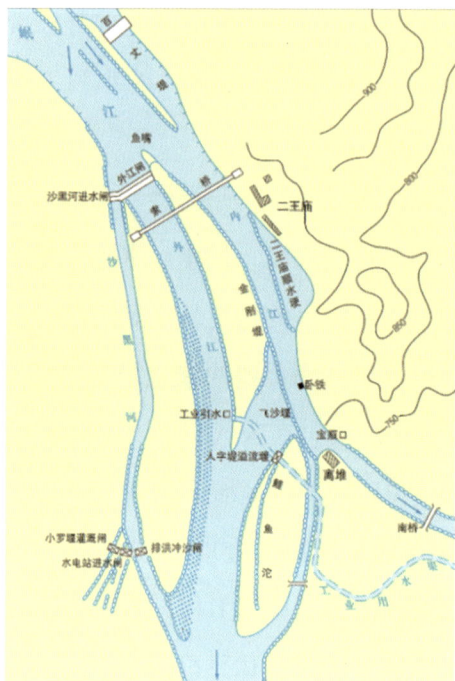

1982 年都江堰渠首工程布置图

　　古代都江堰以竹笼、木桩和卵石为主要建筑材料。竹笼内填卵石用木桩加固，用来建造鱼嘴、金刚堤、飞沙堰和人字堤等工程。每年岁修更换竹笼 1 万多条，还要消耗大量的木桩。为了减少岁修工程量，元明清三代都曾经尝试过以鱼嘴为重点进行工程材料和结构的改良。元代用砌石筑鱼嘴，在顶端铸铁龟迎溜分水；

明代修过砌石鱼嘴，在前端置铁牛分水；清代也多次用砌石筑鱼嘴。1936年改以竹笼为基础，前端与两侧护以木桩，其上用水泥砌筑条石鱼嘴，工程延续时间较长。

现代都江堰依然保留了无坝引水的基本格局。20世纪70年代以来，都江堰渠首和灌区工程多次被改造，增加50余处分水枢纽；在丘陵地区兴建了黑龙滩、三岔、鲁班、继光等10座大中型水库和300余座小型水库，由直灌区演变为蓄引结合的灌区；灌区也从平原扩展到川中丘陵区。

虽然始建年代十分久远，但都江堰至今照常运转，发挥着巨大的水利综合效益。千年水利工程都江堰经受巨大考验。多年来，都江堰渠一次次经历过境洪峰，在都江堰金刚堤上可以看到，岷江水一泻千里，汹涌向前，至鱼嘴处，滔滔江水便一分为二，此后水流趋缓。都江堰渠首管理处水闸管理站将渠首闸群21孔闸门按照预案全面开启，让洪水沿这座千年水利工程自然下泄。过境洪水在都江堰以"四六分洪"的传统形态泄洪。丰水期时，岷江水位上升，约六成江水入外江，约四成江水入内江，防止汛情发生。而枯水期恰恰相反，内江得水六成左右。

洪峰过境，四川省都江堰水利发展中心利用"数字孪生平台"，对洪峰过境进行数字预演分析，在防汛抗洪中发挥重要作用。在都江堰灌区指挥中心看到，"数字孪生平台"结合采集的数据，形成了一整套应对方案，并进行模拟推演，为防汛工作提供重要决策参考。

都江堰还肩负着四川盆地中西部地区 7600 多平方千米农田的灌溉任务，为成都平原经济区重点企业和城市生活提供用水，并为防洪、发电、养殖、种植、旅游、环保等提供相关用水服务。

千里顺风顺水 京杭南北贯通 ——大运河

2022 年，京杭大运河百年来首次全线 707 千米通水。这是继 2014 年，中国大运河项目被列入世界遗产名录，成为在世界范围内具有广泛影响和号召力的超大型文化遗产后的又一重大事件。

大运河是世界上最长的、最古老的人工水道，也是工业革命前规模最大、范围最广的工程项目，具有河道距离长、流域范围广、修建年代久远、遗产类型丰富、利用功能多样、保存现状复杂等特点，反映出中国人民高超的智慧、决心和勇气，以及东方文明在水利技术和管理能力方面的杰出成就。

目前，我国保存下来的大运河相关遗存总数已超过 1100 处。大运河世界遗产包括典型河道段落和重要遗产点——河道遗产 27 段、相关遗产 58 处，分别位于 31 个

当今大运河一景

遗产区。

唐代诗人皮日休有诗句描述"钱塘横大运，船货卸滩中"的盛况，并有七绝感叹，"万艘龙舸绿丝间，载到扬州尽不还。应是天教开汴水，一千余里地无山"。

与长城媲美的中国古代伟大工程大运河始建于 2500 多年前。公元前 486 年，吴王夫差为称霸中原，方便行军和粮草运输，开始命人修建运河，他是被誉为大运河"第一锹"的开挖者。

秦始皇在浙江嘉兴境内开凿的一条重要河

通惠河

道，也奠定了以后的江南运河走向。据《越绝书》记载，秦始皇从嘉兴"治陵水道，到钱塘越地，通浙江"，运河及运河文化由此衍生。

隋炀帝杨广为了控制南方地区和运送物资，开通大运河，给中国早期南北水运带来很大的便利，促进了运河两岸城市的发展，江都、余杭、涿郡等城市很快繁荣起来。

唐宋以后，元朝定都北京后，为了让南北相连，水利专家郭守敬完成了京杭大运河的南北开通。郭守敬在科技工程方面有很深的造诣，曾经"以海面较京师（今北京市）至汴梁（今开封市）地形高下之差"，在世界上最早提出了"标高"即"海拔"的概念，比西方要早五六百年。至元十三年（1276年）左右，为开辟南北通航的运河，郭守敬主持进行了大规模的地形测量工作，地域范围包括河北、山东、江苏，对几个水系的高程衔接进行比较，以确定其可行性，结论是运河跨越山东地垒是可行的。于是在至元十九年（1282年），京杭大运河开始建设，北起北京、南至杭州，沟通了南北经济文化交流，使南方漕船可达通州（今北京市通州区）。

至元二十八年（1291年），为了让漕船能直接开入北京城，郭守敬又主持通惠河的勘测和规划设计。由于水源不足，他巧妙规划，从昌平东南的白浮村引泉水至瓮山泊（今颐和园内昆明湖），再从瓮山泊入玉河（今南长河）通积水潭，而后东、南流与通州城南白河相通，从而使运粮船可以直接驶入积水潭。沿河设闸门24道以控制水流、保证通航。至元二十九年（1292年）八月动工，次年八月完成，全长82千米。至此，由杭州直达北京的京杭运河全线贯通，通惠河的走向，与现代京密引水渠几乎完全一致，可见郭守敬当时的工程水平之高超。

2019年2月，《大运河文化保护传承利用规划纲要》印发，同年10月，京杭大运河通州城市段11.4千米河道正式实现旅游通航。2021年6月26日，京杭大运河北京段通航，创造了多项新的历史：包括北京市第一次出现航道和航运，第一次出现船闸等通航建筑物运行管理，第一次出现市内水路运输等。2022 年 4 月 28 日，京杭大运河全线水流贯通。

壮哉，大运河！开掘于春秋时期，完成于隋朝，兴盛于唐宋，繁荣于元代，延建于明清，造福于当代！

二、土木工程

中国古代土木工程的杰出成就除了体现在独具特色的建筑艺术上，还以道路、桥梁等为纽带，促进了政治与经济的交流。这些交通工程反映了中国古代"逢山开路、遇水架桥"的智慧，天堑通途，货畅其流，以最小的干预实现了最大通行效率。

一脉万里连天际 ——长城

长城是中国古代军事防御的宏伟建筑，它的修筑历史之久、工程规模之大，堪称世界建筑史上一大奇迹。现在，它虽然已失去了防御的作用，但仍巍然屹立，显示着中华民族悠久的历史、中国古代建筑工程的伟大成就，也展示了古代劳动人民的顽强毅力和聪明才智。1987 年，长城被联合国教科文组织列为世界文化遗产。

长城出现于公元前 7—前 5 世纪。秦始皇统一中原后，开始大规模修筑长城，从临洮至辽东，绵延万余里。以后各朝各代也曾多次修建长城，其中以明朝修建的规模最为宏大。从明初至明末，修筑工程不断。明长城主体东起鸭绿江畔，经辽、冀、津、京、晋、内蒙古、陕、宁、青、甘，直抵嘉峪关附近的祁连山中，从山海关至嘉峪关，总长度约 7350 千米。明长城无论在布局上、建筑上、施工技术与组织上，

八达岭是北京至张家口的要冲，是明朝修建长城的重点地段

甘肃小方盘城

都达到了长城建筑史上的至高水平。

长城由连续的城墙、敌台、关隘、烽火台等构成。

关隘是长城沿线的重要驻兵据点，位置多选择在出入长城的咽喉要道上。整个关隘构造，一般由关口的方形或多边形城墙、城门、城门楼、瓮城组成。有的还有罗城和护城河。

城墙是联系雄关、隘口、敌台等的纽带。平均高约 7 ~ 8 米，在山冈陡峭的地方，城墙比较低。墙身是防御敌人的主体，断面上小下

嘉峪关（建于 1373 年，东、南、北三面为双重城墙，四角有角台，台上建角楼；南北两侧城墙的正中有敌台，台上建敌楼；关城之上城楼高峙，碉堡林立，气势非凡）

大呈梯形，稳定不易倒塌。墙结构据当地自然条件而定，主要有版筑夯土墙、土坯垒砌墙、砖砌墙、砖石混合砌墙、石块垒砌墙和用木材编制的木栅墙、木板墙等。城墙除主体墙身外，上面还有许多构造设施。

烽火台也称作烽燧、烽堠、烽台、烟墩、墩台、狼烟台、亭、燧等。是利用烽火、烟气以传递军情的建筑。如遇有敌情，白天燃烟（也可悬挂旗子、敲梆、放炮），夜间燃火（或点上灯笼）。烽火台通常设置在长城内外最易瞭望到的山顶上，一般是土筑或用石砌成一个独立的高台，台子上有守望房屋和燃烟放火的设备，台子下面有士卒居住的房屋和羊马圈、仓房等建筑。

长城整个布局有主干、有分支，沿线设立许多障、堡、敌台、烽火台等不同等级、不同形式和不同功能的建筑物，构成一个完整的防御体系。城、堡、障、堠等建筑物供兵卒居住和防守用。这里所指的"城"，不是州、郡、县城，而是与长城关联的防御性建筑，城的面积不大，城与城之间相距数十里不等。"障"，也是一种小城，一些古代文献上说是山中小城。"障"与"城"的区别主要是"城"的大小不一，"城"内有居民居住，而"障"只住官兵，不住居民，障的大小和形式比较统一。也有城和障结合在一起的，既住士卒，又住居民。"堠"即候，又称作"斥候"，是一种用来守望的建筑，构造较简单，常与亭（烽火台）配合使用，往往"亭候"并称。明朝的"堡"城与汉代的"城障"相似，也是用来驻防的，"堡"往往有城墙围绕，也称作城堡。有些堡内还有烽火台，也住有居民。明长城沿线的城多与关口相结合，以堵塞和抗击敌人入侵。

长城工程浩大，规模宏伟，体现了中华民族的伟大气魄，是中国古代文化的象征。长城作为历史的标尺，可为研究长城沿线地区自然环境的变迁和自然事件提供参考。

飞拱腾空恃铁腰 ——赵州桥

我从小喜爱集邮。1962 年，我才十几岁，就收藏了当年中华人民共和国邮电部发行的《中国古代建筑——桥》邮票，这套邮票共有 4 枚，图名分别为赵县安济桥、苏州宝带桥、灌县珠浦桥和三江程阳桥。安济桥又称赵州桥，这是赵州桥的图案第一次出现在新中国的邮票上，作为国家的名片，60 多年来传遍了世界各地，成为中外文化交流的珍品，特别为海外炎黄子孙所珍藏。

中国是桥的故乡，自古就有"桥的国度"之称。我国的石拱桥有悠久的历史，李约瑟认为"弧形拱桥"和"铁索吊桥"是中国伟大的科学技术发明创造，并影响了西方世界。

《水经注》里提到的"旅人桥"，大约建成于公元 282 年，可能是有记载的最早的石拱桥了。我国的石拱桥几乎到处都有。这些桥大小不一、形式多样，有许多是惊人的杰作，其中最著名的当推河北省石家庄市赵县的赵州桥。

它横跨洨河，是世界上著名的古代石拱桥，也是建成之后一直使用到现在的最古老的石桥。我国不少古代桥梁建筑艺术作为世界桥梁史上的创举，充分显示了我国古代劳动人民的非凡智慧。河北赵州桥、泉州洛阳桥、北京卢沟桥、潮州广济桥被称为"中国四大古桥"。"中国十

赵州桥

拱券

拱券结构

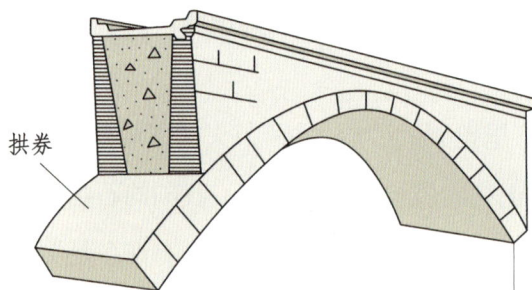

大名桥"中有赵州桥、卢沟桥、广济桥、五亭桥、洛阳桥、安平桥、宝带桥、江东桥、风雨桥和永济桥，其中首屈一指的也是赵州桥。

赵州桥建于隋开皇十五年至大业二年（595—606 年），桥的主要设计者李春是一位杰出的工匠，在桥头的碑文里刻着他的名字。因桥体全部用石料建成，俗称"大石桥"。当年没有钢筋水泥，大石料都用铁细腰连接。铁细腰又名铁蝴蝶，至今保存完好，仍起着连接作用。有些采用现代技术制造的钢筋水泥大桥寿命有的尚不足百年，用铁束腰加固的石桥竟然能挺立千年！故有人赞曰："天工落石赵州桥，飞拱腾空恃铁腰。北上燕幽成大道，隋唐赶马看洨潮。"

赵州桥非常雄伟，全长 50.82 米，两端宽 9.6 米，中部略窄，宽 9 米。桥的设计完全合乎科学原理，施工技术更是巧妙绝伦。唐朝开元名相张嘉贞说它"制造奇特，人不知其所以为"。这座桥很有特点。第一，全桥只有一个大拱，长达 37.4 米，在当时算是世界上最长的石拱。桥洞不是普通半圆形，而是像一张弓，因而大拱上面的道路没有陡坡，便于车马上下。第二，大拱的两肩上，各有两个小拱。这是创造性的设计，不但节约了石料，减轻了桥身的重量，而且在河水暴涨的时候，还可以增加桥洞的过水量，减轻洪水对桥身的冲击。同时，拱上加拱，桥身也更美观。第三，大拱由 28 道拱券拼成，做成了一个弧形的桥洞。每道拱券都能独立支撑上面的重量，一道坏了，其他各道不致受到影响。第四，桥结构匀称，和四周景色配合得十分和谐；桥上的石栏石板也雕刻得古朴美观。唐朝小说家张鷟说，远望这座桥就像"初月出云，长虹饮涧"。

中国古代桥梁的一些科学技术，曾走在世界桥梁建筑的前列，许多桥梁样式对世界近代桥梁建筑产生了深远的影响。同时，它又是活的文物瑰宝，承载着许多珍贵的资料。

从世界桥梁建设百年发展来看，在 21 世纪的这 20 多年里，中国建桥的规模和速度称得上位居世界前列。目前，我国平均每年建造新桥达两万座，凌空飞架的中国桥梁凭借巨大的技术难度震惊了世界。

鬼斧神工如天开 ——应县木塔

应县木塔，位于山西省朔州市应县佛宫寺内，始建于辽清宁二年（1056 年），是世界上现存最高大、最古老的全木结构塔式建筑，为木构建筑中的一大奇迹，也是世界建筑史和文化史上的传世杰作。它与意大利比萨斜塔、巴黎埃菲尔铁塔并称为"世界三大奇塔"。

应县木塔，塔高 67.31 米，底层直径 30.27 米，红松木使用量约 3000 多立方米。整个建筑由塔基、塔身、塔刹三部分组成，塔基分为上下两层，下层为正方形，上层为八角形。塔身呈八角形，第一层为重檐，外观五层六檐。木塔的内部构造独特，由内 8 根外 24 根木柱组成双层套筒式结构，梁柱交叠、斗拱相连、刚柔相济、建构科学。全塔上下不用一颗铁钉，全系木质构件。木塔设计精密、建造宏伟、内涵丰富。

应县木塔的总高、檐柱高、塔身细长比、各层的面阔、斗拱的变化和立面比例等关键技

应县木塔结构图

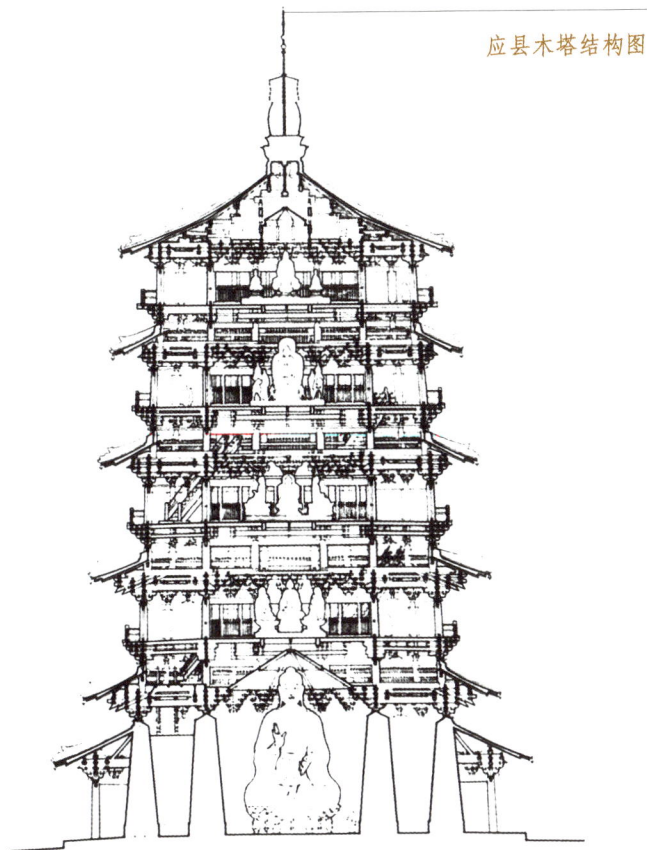

"鬼斧神工"印（马国馨院士刻）

术指标，经过了严密的计算，确保了合理的结
构受力。建造时，塔身立于坚实的基座上，工
程地质条件非常好。底层的双柱间又以厚墙填
充，塔身愈加稳固，增强了抗震性能，是非常
合理的高层建筑结构形式。木塔还设置有抗风、
抗震和防扭转的斜撑与支撑构件。此塔屹立近
千年，历经风雨、雷击、地震和战火而不毁，
归功于杰出的设计与建造技艺。

应县木塔在建筑史上具有重要的地位，它
不仅是世界上现存木结构建筑的典型实例，也
是中国建筑发展史上的里程碑，具有极高的研
究价值，充分展示了中国古代建筑的艺术水平
和科技成就。

应县木塔塔身内外悬挂 52 块牌匾和 6 副楹
联，其中，"峻极神工"为明成祖朱棣亲笔所书；
"天下奇观"为明武宗朱厚照所书。应县木塔无论从科技还是人文方面，对后人特别是青少年教育都很有价值。目前，中国古建筑榫卯结构技艺已作为青少年设计技能等教育的重点内容，旨在让青少年能够在继承中国优秀科技传统的基础上，发展出创新思维与能力。

三、建筑文化工程

中国古代建筑以木构、砖石技术为核心，木石史诗记录着礼制的演替，兼具功能性与文化性。建筑技术注重材料特性（如木构柔性抗震）、空间礼序（如都城轴线布局）等，以其或典雅或庄重的笔触，在华夏历史上书写出一篇篇隽永的诗歌。

世界屋脊耸明珠 ——布达拉宫

布达拉宫，位于我国西藏自治区政治、经济、文化和科教中心拉萨市，它是雪域高原西藏的象征，更是藏传佛教的圣地。

海拔近 4000 米的布达拉宫，坐落于拉萨河谷盆地中央的红山上，用巨石块沿南面山坡而建，是由宫寺院、城堡、碉楼等组成的建筑群体。无论从宫殿设计、工程技术、金属工艺，还是雕塑、壁画等方面而言，布达拉宫都集中体现了古代西藏人民的勤劳智慧和藏族建筑艺术的伟大成就，被誉为"世界屋脊的明珠"。

631年，吐蕃第三十三代藏王松赞干布初建布达拉宫之时，就取法自然，依山向阳。641年，松赞干布迎娶唐宗室女文成公主，婚后居住于此，体现了汉藏民族的团结和睦。

1645年，五世达赖喇嘛令第巴索南饶丹主持扩建布达拉宫，历时8年，建成白宫部分。1653年，五世达赖自哲蚌寺甘丹颇章迁居布达

布达拉宫

拉宫。1690 年，第巴桑结嘉措又营建红宫部分。经半个世纪的多次扩建增修，布达拉宫才具有了现在的规模。

布达拉宫的建筑工程和技术，体现了古老的藏族建筑的智慧和工艺水平。其建造材料、结构设计和装饰工艺，不仅考虑到了建筑本身的功能需求，而且体现了对地理环境、气候特点和人文历史的深刻认知。

布达拉宫按佛教坛城布局设计建造，占地面积为 36 万余平方米，建筑面积为 13 万余平方米，东西总长 370 余米，南北最宽处为 100 余米，主楼高 115.703 米，共 13 层，集宫殿、灵塔殿、佛殿、行政办公机构、僧官学校、僧舍等房舍 1267 间，整座建筑具有良好的防寒保暖、采光通风功能。

宫殿分白宫和红宫两大系统，白宫是历代达赖喇嘛生活起居之所，红宫是宗教活动场所和历代达赖喇嘛的灵塔供奉之地。白宫围绕红宫的建筑形制。建筑遵循统一、均衡、对称、对比、韵律、比例、尺度、序列、色彩等法则，并将其体现于建筑构图原理之中，使布达拉宫变成一个视觉艺术的综合体，展示了当时工程技术的综合能力。

结构设计上，充分考虑抗震和适应高原气候的需要，布达拉宫建筑群的整体布局采用对称式设计，中央建筑为主楼，两侧有佛殿和住宅区。主楼是独特的阶梯式建筑风格。特别是檐柱和弯角的设计结构元素，既增加了建筑的美观度，又能更好地分散地震时的荷载，提高了建筑物的抗震能力。此外，布达拉宫的建筑高度被合理地控制在一定范围内，适应高原地区特殊的自然环境。

建筑选材上，由于布达拉宫所处的地理环境恶劣，主体建筑采用的是石块和木材，以石灰和泥土作为黏合剂。石块采自当地山区，经过加工后用于修建墙体和基础。木材则主要用于梁柱等结构构件。石灰和泥土还被用来修补墙表面，这些天然材料既保障了建筑物的牢固性，又具备良好的环境适应性。

作为世界遗产，布达拉宫不仅是西藏地区的重要标志，也是藏族建筑艺术特色的集中体现。布达拉宫外墙及内部装饰，采用了丰富多彩的壁画、石刻和雕刻等工艺，表达了佛教文化和藏族民俗的内涵。

壁画是布达拉宫的主要装饰手法之一，色彩鲜艳、形象逼真的壁画展示了佛教故事和宗教意象。同时，这里使用了金箔、珠宝、宝石等贵重材料进行装饰，增添了建筑的华丽气质。

近两次大修，分别是在 1988—1996 年和 2001—2010 年进行的。包括修复壁画、更换腐朽梁柱、加固建筑基础和改造消防设施等。维修是为了确保布达拉宫这一重要的文化遗产能够得到妥善的保护和维护，以保持其历史和文化的完整性。

1961 年，布达拉宫被列为第一批全国重点文物保护单位；1994 年，布达拉宫被联合国教科文组织列为世界遗产，吸引了世界各地的游客。

当你伫立布达拉宫前，仰望这座巍峨的宫殿时，你会被它的气势所震撼，被它的历史所感动。

象天法地匠心裁 ——紫禁城

北京有着三千多年历史，曾为六朝古都。《周礼·考工记》有载："匠人营国，方九里，旁三门，国中九经九纬，经涂九轨，左祖右社，面朝后市，市朝一夫。"元大都宫城初具当今故宫雏形，明成祖朱棣自南京迁都于此，在元大都宫城基址上向南扩展。

紫禁城寓意象天法地——天上有玉皇大帝紫微垣，地上有皇家住所紫禁城。紫禁城始建于明永乐四年（1406 年），完成于永乐十八年，清代又重建、重修，整体布局保留了明代旧貌——作为明清皇宫，世界现存最大、最完整的木结构古建筑群，至今仍精美绝伦，蔚为大观。

紫禁城南北长 961 米，东西宽 753 米，四周城墙高约 10 米，并环绕宽 52 米的护城河。南、北、东、西四座城门，分别为午门、神武门、东华门、西华门。城墙四隅各建有一座角楼。

紫禁城内部包括南部外朝与北部内廷两部分，是由南而北按照"前朝后寝"格局分布的庞大建筑群。前朝以太和、保和、中和三大殿为中心，以文华、武英两殿为两翼，这里是皇帝处理朝政的区域；内廷以乾清宫、交泰殿、坤宁宫为中心，东西两路又形成分别以宁寿宫和慈宁宫为中心的建筑群，这里是皇帝和嫔妃居住的区域。

除了上述中轴线对称的布局特征外，紫禁城沿用了中国常用的建筑手法：利用平矮而连续的回廊以衬托高大的主体建筑，造成相对开朗而又主次分明的艺术效果。这种手法在太和殿的周围表现得十分突出。

太和殿是我国现存木结构古建筑中体量最大、等级最高的一座。其内部构件共有 6 行楠木柱，每行 12 根，形成了面阔 11 间（共 60 米）、进深 5 间（33.3 米）的空间。楠木柱高 14.4 米、直径 1.06 米，均是整块巨木。上层檐斗拱出跳四层，下层檐斗拱出跳三层，是古代等级最高的斗拱。

清代康熙年间，江南木工雷发达被征调到京参加清宫建设，其中包括三大殿的设计和建造。之后，雷发达及后人以其精湛的建筑技艺被人们尊称为"样式雷"，如今保存在国家图书馆、故宫博物院等处的"样式雷"建筑图档，已经成为珍贵的建筑史资料。

所谓"样式雷"烫样，就是等比例缩小的立体模型。

烫样看似简单，但内藏着诸多玄机，烫样皆可层层拆卸，打开屋顶可以看到内部梁结构和彩画形式，以及清晰可见的尺寸标签，精致无比。"样式雷"烫样作为中国古建筑特有的产物，对技术的研究与发掘至关重要，不但打破了外国对中国建筑没有设计的固有印象，更是将中国古建筑的发展和研究提升到了一定地位。

清代皇家兴建工程均由内务府负责，分"样式房"和"销算房"，样式房负责建筑设计，销算房负责工程预算。了解中国建筑史的人大多知道有个"样式雷"，然而却很少有人知道，除"样式雷"之外，北京还有与之齐名的"算法刘""算房高"，中国科技史界也正对此进行研究。

文明科技共星辉 ——城市文化空间

城市文化空间是人类社会长期发展过程中各种要素组成的、代表人类城市文化生活实践的空间载体，对社会发展起着维持、强化和重构的作用，同时也是文化诉求展现与表达的舞台。中国城市文化空间主要展现中国城市中作为"表征"的文化空间，即具有清晰意义、具象化的文化空间；同时，也展现出了中国科技在城市建设、规划中不可或缺的作用与地位。

中轴线

世界许多城市都有中轴线或主轴线，但是绝大多数都没有符号化的意义。在中国城市中，尤其是从古城发展而来的城市，原来的中轴线都有明确的象天法地含义。中国城市以中轴线控制布局思想与实践由来已久，通过将相关建筑按其轴向串联起来，形成整体秩序布局和群体轴线。

中国古代以北为尊，城市多以南北向的中间轴线为城市空间格局的控制基准，体现统治者的威严。中国在中轴线上的建筑群与西方许多城市主轴线在方向选定上有很大不同。中国古代天文观测是面南而"仰观天文"，天文星图的方位坐标上南下北、左东右西。早期地图也因面南"俯察地理"故坐标方向与天文星图相同。南面被看作天地宇宙最重要的方位，常为圣人座位或建都取向采用。因此中轴线上的主要建筑都是面南，这与国外的许多城市的中轴线走向的确定依据有所不同。

北京明清都城遗留下来的中轴线是代表作。以中轴线为基准而建设的建筑群充分体现了对天地的敬仰。天坛、地坛、日坛、月坛分别位于城外的北、南、东、西4个方向。紫禁城对应着紫微星、金水河对应着银河、许多重要建筑都与天上的星宿对应。

而今北京的中轴线向北延伸到奥林匹克森林公园，国家体育场和国家游泳中心的造型的正投影分别是圆形和方形，暗含了中轴线的"天地"符号，因为在中国传统文化中有"天圆地方"之说。奥林匹克森林公园以新的空间营造手法体现了中国文化中尊重自然的文化。

神圣空间

中外城市都有神圣空间。中国城市神圣空间的特点，是中国城市神圣空间中要有祖先神的位置，都城的神圣空间最能体现这种特点。从考古资料来看，中国史前古城内没有如西亚、北非等早期城市中的大型神庙或自然神祭坛，城市建筑以宫室宗庙为主要内容。先民对祖先的崇拜高于对其他神祇的崇拜。宗庙建筑在中国早期城市中，成为与王权象征的建筑群相伴的建筑群。

古今关于中国古代都城宗庙的位置的研究很多。春秋战国时期成书的《周礼·考工记》有"匠人建国"与"匠人营国"两节，前者介绍城邑建设的选址、定位问题，后者是反映在西周时期礼制思想指导下的3级城邑规划制度。书中规定："匠人营国，方九里，旁三门。国中九经九纬，经涂九轨。左祖右社，面朝后市。"东汉郑玄对此解释为："王宫所居也，祖宗庙面犹向也。王宫当中经之涂也。"唐代贾公彦在郑玄注释的基础上进一步解释为："王宫所居也者，谓经左右前后者据王宫所居处中而言之，故云王宫所居也。"王宫居正中，坐北朝南；祖、社、朝、市分别位于宫城周边，东边为祖庙，西边为社稷，南边为朝，北边为市。先秦时期宗庙的位置是宫庙一体、以庙为主，《吕氏春秋·慎势》中载："古之王者，择天下之中而立国，择国之中而立宫，择宫之中而立庙。"当时城郭修建，宗庙为先，社稷次之，宗庙、社稷多设在城内。到秦汉时期，宗庙与社稷，开始从宫城内挪到宫城外，这是都城发展史上的一个重大转折。

元、明、清时期的都城，充分体现了"左祖右社"格局。《大都城隍庙碑》中载："至元四年（1267年），岁在丁卯，以正月丁未之吉，始城大都，立朝廷、宗庙、社稷、官府、库庾，以居兆民，辨方正位，井井有序，以为子孙万世帝王之业。"元大都的太庙在城东齐化门（明清时的朝阳门）内，宫城的东方（左侧），社稷坛位于平则门（明清时期的阜成门）内，宫城的西方（右侧）。虽然它们都在城内，但距离皇宫稍远，使"左祖右社"的布局过于分散，明朝迁都北京后，将太庙和社稷坛安排在皇城之内。清沿袭明都城的基本格局，也沿袭了明都城的"左祖右社"位置。1949年中华人民共和国成立后，太庙移交北京市总工会管理，辟为职工群众的文化活动场所，1950年正式对人民开放。1913年中华民国政府将社稷坛辟为公园，1914年对大众开放，称中央公园。1925年孙中山先生的灵柩曾停放在中央公园内的拜殿，1928 年中央公园改称中山公园。关于"左祖右社"空间格局最为成功的继承和创新，是 1959 年落成的中国历史博物馆—中国革命博物馆（今中国国家博物馆），以及人民大会堂的建设。这两组建筑位于天安门广场的一东一西，是原来"左祖右社"格局向南的延伸。不同的是，这两个象征权力的神圣空间，已经是人民当家作主的权力空间了。

园林

中国古代的隐逸文化源远流长，这是中国道家哲学思想的体现。对此，民间有多种说法，如"小隐隐于野，中隐隐于市，大隐隐于朝""小隐隐于野，大隐隐于市""小隐在山林，大隐于市朝"等。已知最早记录隐士之地的文献，是晋代王康琚的《反

沧浪亭

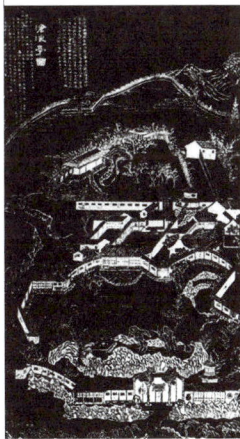

289

《上林图》（局部，明·仇英）

招隐诗》，其载有："小隐隐陵薮，大隐隐朝市。伯夷窜首阳，老聃伏柱史"。无论哪种说法，其宗旨都是人们不一定要到林泉野径才能体会心灵的宁静，更高的境界的隐逸生活，是身处都市繁华之中，并获得一份宁静。

中国城市中的私家园林就是隐逸文化的体现。中国古代私家园林虽有建在乡野的，但是建造精美、数量繁多的私家园林都在城镇之中。园林符合诗人寄情山水、追求独立人格的需求，成为隐逸文化的载体，隐逸文化促进了中国私家园林的发展，其隐逸思想渗透在园林立意、意境营造、空间布局等方面。代表性的私家园林是苏州园林。在16—18世纪苏州园林鼎盛时期，有200多座私家园林。在繁华的姑苏城内，园林通过庭院围墙将院落的空间与尘世隔绝，为士人提供了"大隐隐于市"的空间。而今各地保留完好的私家园林中，许多都对外开放为旅游景区，成为人们理解古代隐逸文化的实景课堂。

展望 全球化时代下中国古代科技的传承与创新

在全球化的大潮中，科技如同一股不可阻挡的洪流，以前所未有的速度冲刷着世界的每一个角落，深刻地改变着人类的生活图景与思维范式。习近平总书记多次强调要"努力实现传统文化的创造性转化、创新性发展"。中国传统文化人文本位思想的确定和不断强化，对古代科技产生了深远的影响，即引导、制约和促成了古代科技朝着以服务人为主要内容的方向发展。这种影响不仅体现在科技发展的方向上，更深刻地影响着科学研究的内在逻辑和价值追求。当我们惊叹于现代科技的日新月异时，不应忘记回望历史的长河，那里蕴藏着中国古代科技的璀璨星光，古代科技不仅是古代中国人民勤劳与智慧的结晶，更为现代科技的发展铺设了坚实的基石，是现代科技的重要灵感源泉。

在浩瀚的历史长河中，中国古代科技始终与人文精神紧密相连，共同构筑了中华民族独特的文化风貌。以《内经》为例，我们可以更加清晰地看到传统文化对古代科技发展的影响。作为中国古代文化的瑰宝，《周易》以其独特的哲学思想和智慧体系，对《内经》等古代医学经典产生了深远的影响。《周易》的和谐观建立在对立统一的基础之上，是在阴阳、天地、水火、日月、刚柔对立统一的基础上产生的相对平衡。同时，《周易》的平衡观也表现为制约关系，有制约才有平衡，如既济卦的水火互制，泰、否卦的乾坤交感，都是平衡制约的朴素萌芽。

中国传统发明创造不仅在当时引领了世界科技潮流，更为后世的科学发展奠定了基础。例如，指南针的发明不仅促进了航海技术的发展，更推动了地理大发现时代的到来。中国古代科技不仅体现在具体的发明创造上，更深刻地反映在古人认识世界、改造世界的思维结构和行动模式中。这种文化影响力是日用而不知的，它潜移默化地影响着科学实践活动和价值取向。因此，我们需要对这种文化影响力有清晰的认识和明确的认知，以便更好地实现创造性转化和创新性发展。地质学家丁文江的观点为我们提供了有益的启示，他强调了对古代科技文化认识与传承的重要性，并指出如果忽视这一点，就可能导致"旧日之生产未明，革新之方案已出"的尴尬局面。

在全球化时代下，我们应当弘扬中国古代科技精神，深入挖掘其文化内涵和时代价值，不断创新和发展。同时，我们也应当注重科技与文化的融合，使科技在传承和创新中更好地服务于人类社会的发展。

古代科技思想的传承与创新

可以看到，古代中国的科学技术活动中蕴含着丰富的直觉思维元素。这种思维方式体现出中国人对事物整体性的深刻洞察和独特理解，更在实践中展现出了强大的生命力和创造力。因此我们应该珍视和传承这份宝贵的文化遗产并将其发扬光大为现代科技创新和社会发展注入新的活力。

在探讨人类智慧与直觉思维的辉煌历程中，古希腊人创造的公理体系无疑是一个里程碑，是逻辑推理的基石。西方的科学传统，直觉要基于分析，它虽然重要，但更多是作为理性思维链条上的一个环节。古代中国的科学技术活动中直觉思维的运用，不仅植根于观察与实践的土壤，更蕴含了对事物整体性的深刻洞察与独特理解。相比之下，在中国古代的智慧体系中，直觉则与事物的整体性关联。在《管子·内业》中，对于直觉思维的阐述则更为直接而深刻："德成而智出，万物果得。"这句话告诉我们，当一个人具备了高尚的品德、广阔的胸怀和深邃的境界时，他的创新性智慧就会自然而然地流露出来。这种智慧不仅能够帮助他更好地理解和把握万物的规律与道理，更能在实践中创造出卓越的成就。比如，张衡通过对地震现象的深入观察和对地震波传播原理的直觉理解，在没有科学测量仪器辅助的情况下，设计出了精妙绝伦地动仪。

西方近代以来的科学技术，在深层次上引发了人文精神的革新与冲突。随着科技的飞速发展，其工具理性的特质逐渐凸显，与价值理性的联系却似乎渐行渐远。这一现象，无疑给现代文明带来了巨大的挑战与危机。

"求真"作为西方理性传统的核心，确实推动了科学的巨大进步，但也暴露出忽视"求善"的弊端。相比之下，中华文化的价值传统，强调以善为先，为校正西方科学研究的偏颇提供了宝贵的思想资源。正如李约瑟所言，虽然古代中国的科学思想未能形成类似西方的科学范式，但其独特的哲学观念和思维方式，却为现代科学的发展提供了别样的视角和可能性。随着现代人们对科学不断深入的反思、重新实现人文与科学平衡的不懈探索，科学发展新的模式正处于建构之中，以人文理性支配和引导科学理性，无疑将成为以后科学建构的基本思路。

　　"守正创新"，这一理念在当今科技重大创新中显得尤为重要。它要求我们既要坚守科学研究的伦理底线和价值导向，又要勇于探索未知领域，敢于突破传统束缚。"塑造科技向善的文化理念，让科技更好增进人类福祉"，这是时代赋予我们的使命和责任。我们应当将科技发展与人类福祉紧密结合起来，努力推动科技向善、向美、向好的方向发展。只有这样，我们

中国自主设计建造的 500 米口径球面射电望远镜（FAST）

才能真正实现科技的可持续发展和社会的和谐进步。

古代科技成就的传承与创新

实现传统科技的创造性转化，不仅是对历史的一种尊重，更是对未来的一种责任。这一过程，是在深入挖掘和整理中国传统科技精髓的基础上，通过现代科技手段和创新思维，赋予其新的生命力。具体而言，这一过程需要从两个层次进行深入探索与实践。

其一，还原传统科技的本来面貌是传承与发展的基石。以乾嘉汉学为例，这一时期的学者们在整理、校对、辨伪和辑佚传统科技文献方面做出了巨大贡献，他们的严谨考证去除了历史尘埃，还原了古代科技的真实面貌，为研究奠定了坚实的基础。在数字化时代，我们拥有更多元的手段来还原历史。通过高清影像记录、三维扫描等技术，我们可以将古代科技文化遗产以更加生动、直观的方式呈现给更多人，为研究提供丰富的素材。

其二，我们可以提炼出一些能够服务于科技创新、机制创新的科技理论和管理经验，以都江堰、渠首等古代大型工程为例，这些工程不仅展示了古代中国人民的智慧和勇气，更蕴含了丰富的整体性与复杂的科技思维，通过深入研究这些工程的设计理念、施工方法和管理模式，从而达到创新技术、体制机制的目的。

　　下面来具体分析中国古代科技在农学、数学、医学、天文学领域的传承。

农学

　　中国古代农学承载着我国优秀的生态智慧与文明基因。古代农学的整体性思维在当代焕发出新的生命力。《陈旉农书》提出的"地力常新壮"理论，通过稻鱼共生、桑基鱼塘等生态模式，成就了当今的"全球重要农业文化遗产"，青田稻田养鱼系统延续《诗经》"猗与漆沮，潜有多鱼"的复合种养智慧；汉代代田法的"垄沟轮作"抗旱保墒机制，经现代科技解码，催生出覆盖耕作、水肥一体化等精准农艺；《齐民要术》记载的"嫁枣法"环割技术，其调节营养分配的机理，竟与当代果树生理学高度契合。

　　在技术创新层面，古代农学智慧正与数字文明深度交融。二十四节气结合卫星遥感与物联网，演变为"智慧云耕"管理系统，使《氾胜之书》"得时之和，适地之宜"的农谚实现了数据化的表达；北斗导航精量播种机让西汉赵过"一亩三甽"的代田法突破人力极限；固碳技术则让《农桑辑要》中的"火粪法"在碳中和时代重获新生。

　　面对全球气候变化与粮食安全挑战，中国古代农业哲学和技术彰显出跨时代的生命力。从"数罟不入洿池"的生态禁忌到面源污染治理的生态沟渠技术，从"斧斤以时入山林"的采伐戒律到森林碳汇交易机制，中华农耕文明正在科技赋能下完成创造性转化。正如《吕氏春秋》所言："夫稼，生之者地也，养之者天也，为之者人也"，这种天、地、人与科技的协同创新，不仅为乡村振兴注入了文化基因，更为全球农业可持续发展书写着中国式答案。

医学

在探讨中医理论与哲学、文化之间的高度一致性时，我们不得不深入剖析其背后的深厚底蕴与广泛联系。这一议题不仅跨越了学科界限，更触及了人类智慧的精髓。

道家思想中的辩证思维也为《内经》所接受借鉴，如《老子·四十二章》所言："道生一，一生二，二生三，三生万物。万物负阴而抱阳，冲气以为和。"这一思想深刻揭示了阴阳对立统一的哲学原理，中医理论中则有"阴胜则阳病，阳胜则阴病。阳盛则热；阴盛则寒。重寒则热，重热则寒。"（《素问·阴阳应象大论篇》）

中国传统文化强调通过体验、灵感、顿悟等方式去把握事物的本质和规律。医学思想深受哲学思想的影响，与其共同构建了独特的医学理论体系。《周易》中的和合思想深植于《黄帝内经》之中，为中医的和合观奠定了理论基础。《内经》所倡导的和合，体现在人体内部的阴阳平衡、人体与外部环境之间的和谐统一，以及自然界的和谐共生上。这种和谐观，不仅是中医诊治疾病的重要指导思想，更是对生命本质的深刻理解。

中医学认为，人与自然是一个不可分割的整体。同时，中医学也强调形神统一、身心一元的观念。这种整体观在中医的诊疗过程中得到了充分体现，医生在诊治疾病时，不仅要关注患者的身体症状，还要关注其心理状态、情志变化等因素，以实现形神兼治、身心和谐的治疗目标。

中医思想要结合其与哲学、文化之间的高度一致性去传承与创新，我们应该继续深入挖掘和传承中医文化的精髓，为推动人类健康事业的发展贡献更多的智慧和力量。在今天的实践中，中医在新冠肺炎、疟疾等疾病的治疗中发挥着不可或缺的作用。

天文学

中国古代天文学的发展展现了中华民族对宇宙奥秘的积极探索和追求，更通过一系列精妙绝伦的发现与发明，以及对历法体系的不断完善，为世界天文学的发展贡献了宝贵的经验。

早在战国时期就出现了世界上最早的星表——《石氏星表》。三国时，吴国的太史令陈卓将当时流行的甘德、石申和巫咸氏三家星经加以整理、规范，确立了283个星官，一共包含1464颗星，史称"陈卓定纪"。甘德和石申还通过观测，对金、木、水、火、土五大行星的运行规律进行了总结。行星在天上的恒星背景中主要是自西往东走，被称为顺行，但偶尔也会反向运动，称为逆行。现代天文学表明，火星和金星的顺行和逆行的交替十分明显；水星的逆行虽然也很明显，但不易观测；木星和土星的逆行则需要较长时间的观测才能发现。不过总体来说，行星顺行的时间多，逆行的时间少。如果不进行长期系统的观测，我们很难发现其规律。隋唐时期，名为丹元子的隐士创作了《步天歌》，将全天星官归纳为三垣二十八宿，成为流传后世的"标准"中国星象体系。明末清初西学东渐之后，钦天监官员和传教士对传统星象体系进行了比较大的扩充。清朝道光年间编撰的《仪象考成续编》中，所刊载的恒星总数达到了3240颗。我们现在使用的中国星名，都是据此而来。

此外，历法是古人为了社会生产实践需要而创立的长时间记时系统，关乎农业生产、节日庆典等日常生活的方方面面，更体现了人类对时间、空间以及宇宙运行规律的深刻认识。祖冲之的《大明历》，便是在继承前人成果的基础上，对历法体系进行的进一步的完善与创新，它不仅在当时得到了广泛的应用与推崇，更为后世的天文学研究提供了重要的参考与借鉴。

数学

中国古代数学以其独特的魅力和卓越的贡献，在世界数学史上留下了浓墨重彩的一笔。从汉唐时期的算经十书到宋元算书，这些珍贵的古籍不仅反映了中国古代数学家们的辛勤耕耘与卓越成就，更展现了他们勇于探索、敢于创新的精神风貌。

"数学"印（马国馨院士刻）

在中国古代数学的发展长河中，注释经典算书并在此过程中提出新算法的做法屡见不鲜，这一传统不仅丰富了数学理论，还推动了数学方法的革新。以魏晋时期的刘徽为例，他撰写的《九章算术注》便是这一传统的杰出代表。《九章算术》作为中国古代数学的经典之作，其内容涵盖了算术、代数、几何多个领域，但原文表述简略，缺乏必要的解释和理论探讨。刘徽在为其作注的过程中，不仅详细解释了原书中的解法和结论，还创造性地提出了自己的新算法，如割圆术等，这些成就不仅弥补了原书的不足，更为中国古代数学的发展注入了新的活力。

除了注释经典外，中国古代数学家还善于从实践中总结经验。例如，《五曹算经》便是这样一部集生活智慧与数学原理于一体的杰作。该书共分为五卷，每卷都针对特定的生活领域提出了相应的数学原理和解决方案。第一卷"田曹"专注于田地测量的计算问题，为古代农业生产提供了有力的数学支持；第二卷"兵曹"则涉及军队给养的计算问题，展现了数学在军事领域的应用价值；第三卷"集曹"关注粮食交易中的数学问题；第四卷"仓曹"则聚焦于粮食的征收、运输和储藏等环节的计算；第五卷"金曹"则主要涉及钱币的计算问题。这些内容不仅反映了古代社会生活的方方面面，也体现了中国古代数学家们将数学理论与实践紧密结合的卓越能力。

20 世纪七八十年代，吴文俊院士借助计算机，吸收我国宋元时期数学领域将几何问题转化为代数方程求解的方法，以及建立多项式运算法则和消元法等代数工具，成功实现机械化证明平面几何定理。在国际机器证明领域具有极大影响力的穆尔称："吴文俊之前，机械化的几何定理证明处于黑暗时期，而吴文俊的工作给整个领域带来光明。"

从传统思维到促进科技融合

全球化并非只有阳光和雨露，它也带来了激烈的竞争。在全球化浪潮的冲击下，多元文化形态面临着前所未有的挑战。不能让它们如同海洋中的孤岛一样，虽然各具特色、独具魅力，但在全球化的大潮中显得脆弱与无助。如果任由其自然发展、听之任之，这些宝贵的文化遗产很可能在时间的洪流中被逐渐边缘化甚至消失。因此，对于传统文化的传承与保护，我们必须采取更加积极、主动的态度，通过融会贯通、有意识地创造来赋予其新的生命力。进行有意识地创造要求我们在尊重传统的基础上，积极吸收多元文化、科技的优秀元素，通过跨界融合、协同创新等方式，发掘传统科技的丰富内涵。

更进一步地说，传统科技、文化的传承与发展是一个不断更新的过程。正如古人所言："流水不腐，户枢不蠹。"

没有哪种传统能够在守株待兔守中永葆生机与活力。只有不断地与各种思想接触、碰撞和融合，传统才会被赋予新的内涵和意义。这种更新不仅是传统文化生命力的体现，也是其持续发展的重要动力。因此，我们应该以更加开放包容的心态来面对全球化带来的挑战与机遇，积极推动传统科技的传承与创新，为人类的文明进步贡献更多的中国智慧和力量。

在罗素1922年写的《中西文明比较》中有这样一段话："不同文明之间的交流过去已经多次证明是人类文明发展的里程碑。希腊学习埃及，罗马借鉴希腊，阿拉伯参照罗马帝国，中世纪的欧洲又模仿阿拉伯，而文艺复兴的欧洲仿效拜占庭帝国。"一种文化之所以能吸收他种文化，往往是在两种文化交往和商谈中体现"和而不同"思想的结果。

不同文明之间的交流是推动科技文化进步的重要力量。我们应该以开放包容的心态去迎接这种交流带来的挑战与机遇，积极学习借鉴其他文化的优秀成果，同时保持自身的独特性和创新精神。只有这样，才能共同推动人类科技事业的繁荣发展，为构建人类命运共同体贡献智慧和力量。

在探讨传统科技文化的创造性转化时，我们不得不深入挖掘其深厚的历史底蕴与独特的哲学思想，以便在现代社会的背景下，重新赋予其新的生命力和应用价值。这一过程，不仅是对原有基础的合理化继承，更是对未来发展路径的积极探索，旨在将古人的智慧与当代的需求紧密结合，共同推动科技的进步与社会的繁荣。

在传统科技文化的创造性转化过程中，我们需要重点关注的是综合性、非线性的思想方法，以及人与自然和谐发展的观念。这不仅体现了中国古代科学家的卓越智慧，更蕴含着对未来科技发展的深刻启示。同时，也要从实证科学的视角出发，在全球化日益加深的今天，科学知识传播与交流已跨越国界，成为全人类共同的财富。然而，不可忽视的是，每一位科学家都是在其特定的文化环境中成长起来的，他们的科学实践也总是在具体的时空背景下展开的。这种文化背景的差异，不仅塑造了科学家的思维方式，也影响了他们对科学问题的理解和解答。因此，对于我国而言，尽管实证科学主要是外源型、植入型的，但我们必须认识到，只有将其深深植根于中国传统文化的土壤中，才能真正实现其本土化、创新化的发展。

因此，推动中国传统科技文化的创造性转化，不仅是对自身文化遗产的继承与发展，更是对全人类共同福祉的贡献与担当。我们需要以开放包容的心态，积极吸纳现代科技的最新成果和先进理念，做好中国传统科技的传承与创新。

结语 国学与科学

狭义的国学，一般是指在古代中国被视为主流文化的儒学，儒学的精髓是"四书五经"。广义的国学是中国传统文化的总和，就是铸就中华民族性格的中华文化。一般而言，国学也包括中医药学、戏剧、书画、星相、数术等领域。博大精深的国学应该包括祖先留给我们的两大方面。一是哲学社会科学：文史哲、儒释道、政经法，是为人文国学；二是自然科学、技术工程：数理化、天地生、工农医，是为自然国学。

中国传统文化对中国古代科技发展有积极的影响。事实上，中国传统文化早在两千多年前的春秋战国时期，已经有了百家争鸣、百花齐放的繁荣局面。儒学的开门祖师孔子，以"有教无类""因材施教""教学相长"为方针，以培养"博学通才之士"为目标，对学生进行礼、乐、御、射、书、数"六艺"教育，其中，数即数学，乐和声学有关，御和力学有关，射和机械有关。"六艺"教育具体付诸教材，即古代经典中，有《易》，"易道广大，无所不包，旁及天文、地理、乐律、兵法、韵学、算术，以逮方外之炉火"；《诗经》中包含大量虫鱼、鸟兽、草木，以及天文、地理、农业生产等知识；《礼记》中有农业与季节相关的知识；《考工记》则是手工业技术规范化的专门著作。这些都体现了教育公平、人才的特色培养和全面发展的科学性。

《中庸》载："博学之，审问之，慎思之，明辨之，笃行之"，学、问、思、辨、行，符合认知过程和科学研究的方法，即获取信息、提出问题、思维推理、检验结果、躬身实践。作为"孔子之言而曾子述之"的《大学》，有八目——格物、致知、诚意、正心、修身、齐家、治国、平天下。前四目指知识来源于实践，而又指导实践，"格物致知"为知之始，"诚意正心"为行之始，是为本；后四目是知行观外推于家国和社会，是为末。孟子曰："天之高也，星辰之远也，苟求其故，千岁之日至（冬至、夏至）可坐而致也"，强调的是实事求是、实践出真知的科学精神和方法。《论语》有载:"毋意,毋必,毋固,毋我",孔子在讨论题目时不主观、不武断、不固执、不唯我独尊;"当仁不让于师",即吾爱吾师,吾更爱真理。可见,科学精神是十分可贵的。

科学是理论化、系统化的知识体系,是人类对自然、社会和自身的本质和规律的认识活动和实践活动。科学技术是第一生产力,科学思想是第一精神力量;科学也是一种文化,科学文化同样属于先进文化。

中华文明延绵不断,以哲理为指导,文理交融,具有包容性、创新性。中国古代强调天时、地利、人和,所谓"人与天地相参""仰观天文,俯察地理,外取诸物,内省自身",强调生物界的和谐和"各得其养以成",有利于促进人的身心健康和生活质量的提高,有利于生态文明建设和可持续发展。

至于当代重大科技领域及社会热点问题,如天体演化、大地构造、气候变迁、生物进化、医药健康等方面,无一不是与科学文化相关的问题。中国古代浩如烟海的文献中有大量对自然现象、动植物的观察记录,是一个巨大的自然史信息宝库。竺可桢关于世界气候波动和中国气候变迁的研究、席泽宗关于古新星记载和射电天文学的研究、屠呦呦关于青蒿治疟疾和青蒿素提取的研究,都是发掘古文献珍贵资料,古为今用、开拓创新所取得的丰硕成果。国学在推动文学艺术发展的同时，也推动了科学技术的发展，如龙洗、编钟、透光镜、越王剑等精巧的科技器物引发了当今前沿科学和高新技术的研究与突破。

传承科学文化必须身体力行、矢志不渝，坚持实事求是、求真务实，坚持与时俱进、开拓创新，切不可割断历史，数典忘祖。